航空技工院校教材

飞机装配工艺学

下 册

主　　编　王海宇

副主编　汉锦丽

编　者　王海宇　汉锦丽　康娟红

　　　　王晋涛　贺　磊　高　岚

西北工业大学出版社

【内容简介】 本书为《飞机装配工艺学》下册。主要内容包括飞机装配准确度有关知识、胶接和胶接结构装配复合材料结构与制造、点焊和胶焊结构装配的基本知识、飞机总装配和机场工作生产工艺准备、飞机构造工艺性和飞机数字化装配系统等。

本书可作为航空技工院校教材,也可供从事飞机装配的工人,技术人员以及大、中专和技工院校的飞机装配专业师生参考。

图书在版编目(CIP)数据

飞机装配工艺学.下册/王海宇主编.—西安:西北工业大学出版社,2013.8(2018.1重印)
ISBN 978 - 7 - 5612 - 3761 - 8

I.①飞… Ⅱ.①王… Ⅲ.①飞机—装配(机械)—工艺学—高等学校—教材 Ⅳ.①V262.4

中国版本图书馆 CIP 数据核字(2013)第 196906 号

出版发行:西北工业大学出版社
通信地址:西安市友谊西路 127 号   邮编:710072
电　　话:(029)88493844　88491757
网　　址:http://www.nwpup.com
印　刷　者:兴平市博闻印务有限公司
开　　本:787 mm×1 092 mm　　1/16
印　　张:9.625
字　　数:231 千字
版　　次:2013 年 8 月第 1 版　　2018 年 1 月第 2 次印刷
定　　价:27.00 元

前　言

笔者多年来一直在航空技工院校从事"飞机装配工艺学"课程的教学工作。根据现今飞机装配技术的发展和技工院校学生对知识技能的实际需求,并结合教学实践,笔者体会到,编写一本适合于技工院校航空类专业教学的《飞机装配工艺学》教材是十分必要的。本书是以笔者多年使用讲义为基础,参考国内外一些教材、文献资料编写而成的。

本书分上、下两册。上册主要内容:绪论部分介绍了飞机结构的基本特点、飞机装配的工艺特点、飞机装配工作的要求、飞机构造和飞机装配工艺的发展趋势,让读者初步了解和认识飞机装配工艺技术的基本知识;第一章介绍了飞机的工艺分解及装配单元的划分、装配基准、装配定位与固定、工艺文件等内容;第二章对铆接技术进行了详细分析;第三章全面阐述了螺纹连接技术;第四章至第八章简单介绍了飞机装配中的补偿、互换与协调、装配型架、飞机结构装配图识读和飞机装配检测方法的基本知识。

下册主要内容:第一章简单介绍了飞机装配准确度有关知识;第二至四章主要阐述了胶接和胶接结构装配、复合材料结构与制造、点焊和胶焊结构装配的基本知识;第五至八章概括介绍了飞机总装配和机场工作生产工艺准备、飞机构造工艺性、飞机数字化装配系统等;附录对飞机生产的技术安全与环境保护的有关知识进行了简单说明。

在编写本书的过程中,笔者根据航空技工院校教学特点和学生的认知规律,坚持够用、实用的原则,力求使内容简明易懂。同时,为了增强内容的前瞻性,体现飞机装配技术的最新发展成果,本书涉及了中航工业西飞公司飞机装配的一些新技术、新工艺和新设备。

本书下册由王海宇任主编,汉锦丽任副主编。具体写作分工如下:第一章由高岚、贺磊、汉锦丽编写;第二至三章由康娟红编写;第四章由王海宇、汉锦丽编写;第五至八章、附录由王海宇、王晋涛编写。全书由汉锦丽统稿。

感谢西飞技师学院教务处对本书的编写进行了精心组织筹划和大量的协调工作。参加审稿的人员包括:中航工业西飞国际飞机制造总厂厂长骆学涛、中航工业西飞国际国航总厂厂长高晔、中航工业西飞国际飞机制造总厂厂长助理王建旗、中航工业西飞国际国航总厂"中华技能大奖"获得者万胜强、西飞技师学院司智渊和魏云山。

在编写本书过程中,笔者参考了部分国内外文献资料和高等院校的有关教材,在此谨对原作者深表感谢。

由于水平有限,书中不妥和疏漏之处在所难免,恳请读者不吝赐教。

编　者

2013 年 3 月

目　录

第一章 飞机装配准确度

第一节 基本概念

一、飞机装配准确度要求

飞机装配好以后应达到对其规定的各项性能指标,其中包括飞机的空气动力性能(飞机零件的尺寸、刚度)、飞机的各种操纵性能、飞机结构的强度和耐久性能等。飞机装配的准确度除了对飞机的各种性能有直接影响外,还会影响产品的互换性能。为保证飞机产品的质量,对飞机装配的准确度提出了以下几个主要方面的要求。

1.飞机空气动力外形的准确度

飞机空气动力外形的准确度包括飞机外形准确度和外形表面平滑度。

(1)飞机外形准确度。飞机外形准确度是指飞机装配后的实际外形偏离设计给定的理论外形的程度。一般来说,飞机的最大飞行速度愈高,对飞机外形的准确度要求愈高;翼面类部件(机翼和尾翼)比机身部件的外形准确度要求高;各部件的最大剖面以前部分又比最大剖面以后部分的外形准确度要求高。如图1.1所示为飞机各部件外形准确度的要求。

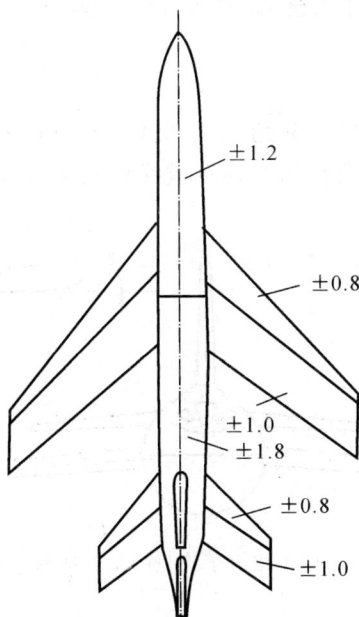

图 1.1 飞机各部件外形的准确度要求

此外,飞机外形的波纹度对飞机的空气动力性能有重要影响。因此,在飞机设计中还专门规定了外形波纹度要求。外形波纹度要求规定了在一定波长上所允许的波幅值(即波峰与波谷的高度差)。外形波纹度误差是两相邻波峰与波谷的高度差 H 和波长 L 的比值,即

$$\Delta\lambda = H/L \tag{1.1}$$

(2)外形表面平滑度。飞机外形表面的局部凸起和凹陷对飞机的空气动力性能也有影响,因此,对飞机外形表面上的铆钉头、螺栓头、蒙皮对缝的阶差等局部凸凹不平度均有一定要求。垂直于气流方向的蒙皮对缝处的阶差,尤其是逆气流方向凸起的阶差,比顺气流方向的阶差要求更严格。图 1.2 所示为飞机表面的平滑度要求。

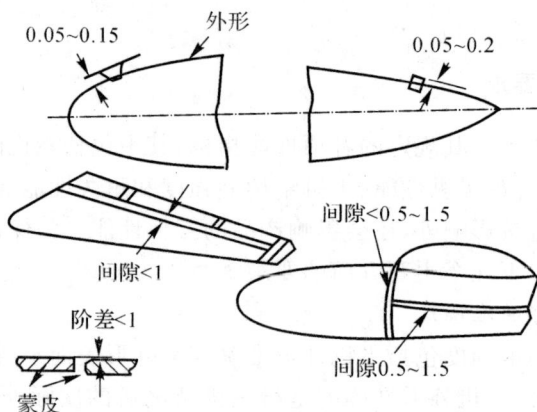

图 1.2 飞机表面的平滑度要求

2.各部件之间对接的准确度

为保证飞机的飞行性能,设计飞机时,对各部件之间的相对位置准确度做出了一定的技术规定,具体要求如下:

(1)机身各段的同轴度要求。

(2)机翼和尾翼相对于机身的安装角 α、上反角(下反角)β 和后掠角的准确度要求,如图 1.3 所示。允许的误差一般是将角度尺寸换算成线性尺寸,通过飞机的水平测量进行检查。

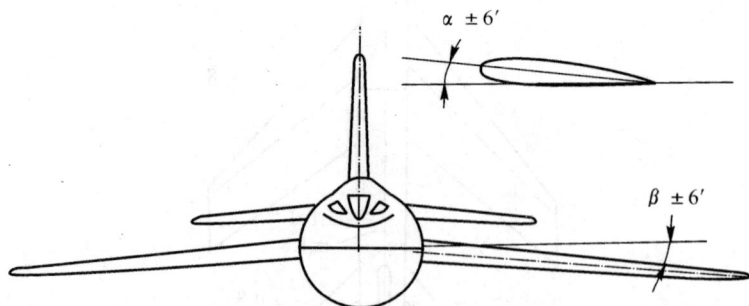

图 1.3 机翼相对于机身的位置准确度要求

(3)对于飞机的各操纵面,包括副翼、升降舵和方向舵等,为了保证操纵灵活,除对多支点转轴的直线度提出准确度要求外,还规定了固定翼面和舵面外形之间须保证一定的间隙和外形阶差要求,如图 1.4 所示。

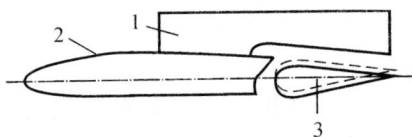

图 1.4 舵面相对于固定翼面的外形要求

1—检验样板; 2—固定翼面; 3—舵面外形

（4）各部件之间对接的准确度取决于各部件对接接头之间和对接接头与外形之间的协调准确度。为了保证各部件的互换性，以及部件对接时因接头之间尺寸不协调用强迫连接而在结构中产生过大的残余应力，对各部件对接接头的配合尺寸和对接螺栓孔的协调准确度提出了比较严格的要求，如图 1.5 和图 1.6 所示。

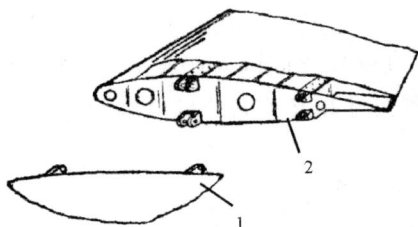

图 1.5 叉耳式接头

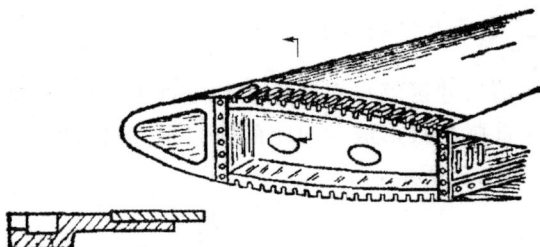

图 1.6 凸缘式接头

3. 部件内各零件的组合件的位置准确度

部件内部各零件和组合件的位置准确度一般容易保证，如大梁轴线位置允差和不平度允差一般为 $\pm(0.5\sim1.0)$ mm；翼肋和隔框轴线位置允差一般为 $\pm(1.0\sim2.0)$ mm；长桁轴线位置允差一般为 ±2.0 mm。

二、制造准确度和协调准确度

1. 制造准确度

飞机零件、组合件或部件的制造准确度是指它们的实际形状和尺寸与飞机图纸上所定的公称尺寸相符合的程度，符合程度越高，则制造准确度越高，即制造误差越小。

2. 协调准确度

协调准确度是指两个相配合的零件、组合件或部件之间配合部分的实际形状和尺寸相符合的程度，这种相符合的程度越高，协调误差就越小。

在飞机制造中，首要的是保证协调准确度。为保证零件、组合件和部件之间的协调准确度，通过模线、样板和立体标准工艺装备（如标准量规和标准样件等），建立起相互联系的制造路线。在零件制造和装配中，零件和装配件最后的形状和尺寸的形成过程是，以飞机图纸为依据，通过模线、样板和标准工艺装备制造出模具、装配夹具，然后制造零件和进行装配等一系列形状和尺寸的传递过程。

3. 在飞机装配中，对装配协调准确度的要求

（1）工件与工件之间的协调准确度。如果工件与工件之间配合表面的协调误差大，在配合表面之间必然存在间隙或过盈，或螺栓孔的轴线不重合，连接时形成强迫连接，连接后在结构

中产生残余应力,影响结构强度。因此,工件与工件之间配合表面的形状和尺寸有一定的协调准确度要求。

(2)工件与工艺装配夹具之间的协调准确度。为保证飞机装配的准确度,重要的组合件、板件、段件和部件一般是在装配夹具(型架)中进行装配的。进入装配的各零件和组合件在装配夹具中是以定位件的定位面(或孔)定位的。如果工件和定位件的定位面(或孔)的协调误差大,装配时通过定位夹紧件的夹紧力使工件与定位件的定位面贴合,则在工件内同样要产生内应力。在装配完并松开夹紧件后,结构中的内应力重新分布而形成残余应力。为控制和减少结构中的残余应力和结构变形,需要对工件和装配夹具之间的协调准确度提出一定的要求。

要达到工件与工件,以及工件与装配夹具之间的协调准确度,还要保证有关工艺装备之间的协调准确度。

三、装配尺寸链

所谓尺寸链就是在零件或装配件上,各零件表面及其轴线之间的一组尺寸(或角度)按一定次序首尾相接形成的封闭的链。描述装配件中各零件尺寸相互关系的尺寸链称为装配尺寸链,如图 1.7 所示。

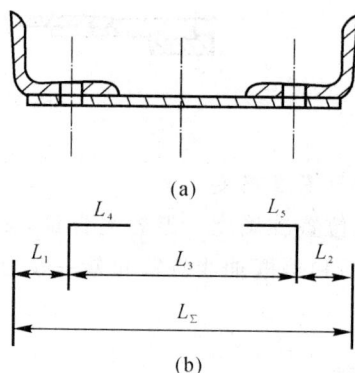

图 1.7　翼肋按装配孔装配时装配尺寸链的形成图

(a)翼肋;　(b)装配尺寸链

在尺寸链中,将零件加工或装配完毕以后形成的尺寸称为封闭环,如图 1.7 所示中的 L_Σ。除封闭环以外所有的尺寸称为组成环。

在尺寸链中,当一部分组成环的尺寸增大时,封闭环的尺寸随之增大,这些组成环称为增环;而当另一部分组成环的尺寸增大时,封闭环的尺寸随之减小,这些组成环称为减环。

如果尺寸链中所有的尺寸是相互平行的,这种尺寸链称为线性尺寸链,如图 1.7 所示即为线性尺寸链。如果全部和一部分尺寸相互不平行,但都在一个平面或平行的平面内,形成封闭的多边形,这种尺寸链则称为平面尺寸链。

四、影响装配准确度各种误差的分类

影响装配准确度的各种误差可以分成两大类:一类是与装配时所采用的定位方法有关的各种误差,另一类是与定位方法无关的各种误差。

1. 与定位方法有关的各种误差

(1)进入装配的零件、组合件的制造误差。其中包括装配时各定位面的尺寸误差。

(2)装配夹具的误差。其中包括装配夹具的制造误差和使用时产生的变形误差。

(3)工件和装配夹具之间的协调误差。其中包括零件、组合件之间的协调误差,零件、组合件与装配夹具定位面和定位孔之间的协调误差,各种装配夹具之间的协调误差。这些协调误差的存在,必然引起强迫装配,使工件产生弹性变形,在装配以后产生变形误差。

2. 与定位方法无关的各种误差

(1)由于连接引起的变形误差。铆接时,由于钻孔力、铆接力以及铆钉沿全长膨胀不均匀等各种因素,均会使结构产生变形,并在结构中产生残余应力;焊接时,由于零件各处受热不均匀,以及焊缝在冷却时局部收缩会引起焊接变形误差。

(2)由于车间温度变化引起的变形误差。飞机部件尺寸大,飞机零件、装配件与工艺装备的材料不同,因而热膨胀系数不同,并且车间的温度随季节和时间变化而异,必然使工艺装备和工件产生变形误差。

第二节　各种装配方法的装配准确度分析

一、在型架内以骨架外形为基准装配的准确度

当采用以骨架外形为基准装配时,产品装配的准确度主要取决于骨架装配的准确度。骨架装配的准确度又取决于骨架零件和组合件的准确度以及装配夹具(型架)的准确度。因此,以骨架外形为基准装配的准确度取决于以下几方面的误差:

(1)装配夹具的制造误差;

(2)骨架在装配夹具中的定位误差;

(3)蒙皮在骨架上的定位误差;

(4)蒙皮厚度的误差;

(5)由于连接和其他原因引起的变形误差。

二、在型架内以蒙皮外形为基准装配的准确度

当采用以蒙皮外形为基准进行装配时,可以显著提高飞机外形的准确度。装配后产品外形的准确度主要取决于以下方面:

(1)装配夹具的制造误差;

(2)蒙皮的定位误差;

(3)装配过程中产生的变形误差。

三、按装配孔装配的准确度

当按装配孔装配时,是以产品中的一个零件作为基准零件,其余零件则按装配孔在基准零件上进行装配定位。按装配孔装配的准确度取决于以下方面:

(1)基准零件的制造误差;

(2)在基准零件上定位的其他各零件的制造误差;

(3)由于装配孔轴线不可能完全重合而形成的协调误差;

(4)蒙皮厚度的误差;

(5)蒙皮在骨架上的定位误差;

(6)装配变形误差。

四、在夹具内按坐标定位孔装配的准确度

在夹具内按坐标定位孔装配的方法适合用于骨架零件和组合件刚度大的结构。这种装配方法的准确度取决于以下方面:

(1)装配夹具中坐标定位孔位置的误差即夹具的误差;

(2)骨架零件的制造误差;

(3)在骨架零件和装配夹具的坐标定位孔之间的协调误差;

(4)蒙皮厚度的误差;

(5)蒙皮在骨架上的定位误差;

(6)装配变形误差。

五、按基准定位孔装配的准确度

当按基准定位孔装配时,是以一个或几个组合件为基准组合件的。基准组合件应是结构刚度最大,定位后不会改变其本身的几何形状,并与其他组合件联系最多的组合件。其他组合件则按基准定位孔在基准组合件上定位。按基准定位孔装配的误差取决于以下方面:

(1)装配夹具的制造误差;

(2)基准组合件装配夹具与产品装配夹具之间的协调误差;

(3)其他组合件和基准组合件之间基准定位孔的协调误差;

(4)组合件外形相对于组合件上基准定位孔的误差;

(5)蒙皮的制造误差;

(6)装配变形误差。

综上所述,通过对各种装配方法、装配准确度的分析可知,决定产品最后形状和尺寸准确度的各种误差中有系统误差和偶然误差;定位误差取决于装配夹具定位面和有关零件表面之间形状和尺寸的协调误差;装配过程中的变形误差对装配件最后的准确度有很大影响。

第三节　装配误差中各环节的误差

一、装配夹具的误差

装配夹具的准确度对产品装配的准确度和两个装配件配合面之间的协调准确度有很大的影响。对装配夹具制造准确度的要求,主要是参照飞机的最大飞行速度来确定的。一般来说,飞机的最大飞行速度越高,对飞机装配的准确度要求就越高,因而对装配夹具制造的准确度要求也就越高。在实际生产中,对飞机装配的准确度要求和装配夹具制造准确度的要求,是按飞机的速度分成几个级别,如按低速飞机、亚声速飞机、超声速飞机和高超声速飞机几种类型分别制定对装配夹具制造准确度的要求。

装配夹具制造和安装的准确度还与装配夹具的制造和安装方法有关。在飞机制造中所采用的装配夹具的制造和安装方法及其所能达到的准确度可归纳如下：

(1)按平面样板安装装配夹具定位件的准确度为±(0.3～0.5)mm。

(2)按安装标准样件安装定位中的准确度为±(0.3～0.5)mm。

(3)用划线钻孔台和型架装配机安装定位件的准确度为±(0.3～0.7)mm。

(4)用光学仪器安装定位件的准确度为±(0.15～0.25)mm。

(5)用激光准直仪安装定位件的准确度为±(0.05～0.15)mm。

上面提到的装配夹具定位件的安装准确度是有一定范围的,因为在实际生产条件下所能达到的安装准确度取决于很多因素。因此,提高装配夹具制造准确度需要付出很大的劳动量和采取特殊的工艺措施。由于提高装配夹具的安装准确度所需增加的费用是一次性的,因此,为提高飞机装配的准确度和质量,在制造装配夹具时花费较大的一次性费用在经济上是合理的。

装配夹具的误差在装配总误差中属于系统误差。装配夹具制造好以后,通过测量装配夹具各定位件的实际尺寸,可以确定装配夹具误差的实际大小。在这种情况下,通过调整定位件可使其误差达到最小,还可以根据在装配夹具中装配出来的产品实际尺寸统计数据来调整装配夹具的定位件,以一批产品误差的平均值作为调整的修正值。

根据以上所述,可以得出以下结论：

(1)装配夹具的制造误差在装配误差中属于系统误差,它可通过实际测量和调整使其显著减少,从而提高飞机装配的准确度。

(2)为了便于提高装配夹具的准确度,在装配夹具的结构中,定位件应便于调整。

(3)通过夹具的调整可以部分消除装配夹具误差以及其他系统误差,但对偶然误差没有多大影响。

为进一步分析装配夹具的制造误差,需要根据装配夹具的制造路线和协调路线,详尽列出装配夹具制造过程中尺寸传递的所有环节及其误差。将尺寸传递过程中各环节的误差均看做是相互独立的偶然误差,用累积误差的计算公式估算装配夹具制造的预期准确度。

二、零件制造误差

零件制造误差是装配误差中的重要成分,它对装配准确度有重要影响。

零件的几何形状和尺寸的误差以及零件上的定位孔和外形之间的相对位置误差在装配误差中属于偶然误差。

零件制造误差本身又取决于形成零件最后形状和尺寸的尺寸传递过程中各个环节的误差大小。在飞机的钣金零件制造中,获得零件最后形状和尺寸的尺寸传递过程,一般是模线—样板—模具—零件。对一些形状复杂和协调准确度要求高的钣金零件,还需要经过更多的立体形状的移形环节。有重要配合关系的零件之间的协调误差,则取决于有关零件之间的制造与协调路线。

钣金零件成形模具的误差与装配夹具的误差性质相同,属于系统误差,在零件制造的总误差中为固定的值。为提高零件制造的准确度,应力求减少模具制造的误差。模具制造误差的计算方法与装配夹具制造误差的计算方法相类似。

零件制造误差除取决于模具的制造误差外,还取决于零件成形时的很多因素。即使采用同样的成形方法和成形模具,也不可能获得形状和尺寸完全相同的零件。例如,用橡皮成形方法获得的零件,其外形准确度除取决于模具的制造准确度以外,由于零件成形后有回弹,使零件的内表面不可能完全与模具的工作表面相贴合而出现间隙。而回弹量又取决于很多因素,如材料的性能差异、材料的各向异性、材料厚度的差异、成形时各种工艺参数等。

此外,零件外形最后的准确度还取决于零件毛料中的初始内应力和成形过程中产生的内应力综合的影响,这种影响会使零件产生扭曲变形。零件成形后的热处理还将产生热处理变形等。

因各种零件材料不同、成形方法不同、模具制造路线不同,以及零件的几何形状和尺寸大小不同,各种零件的制造准确度有很大的差异。当对零件制造误差进行理论分析时,需要对不同类型的零件按尺寸传递过程中各环节的允差或统计数据进行累积误差的计算。要做到这一点,需要对零件制造中各环节的误差进行大量的实验研究,取得所需要的各种数据。

三、在装配夹具中的定位误差

在装配夹具中进行装配时,零件按装配夹具的定位基准面定位。因为零件的定位表面与装配夹具的定位基准面的形状和尺寸都有误差,零件表面和定位夹具基准面之间不可能完全贴合,必然存在一些间隙,需要通过夹具夹紧件施加一定的夹紧力,迫使零件定位表面与夹具定位基准面相贴合。但在装配件装配连接完成并松开夹紧件后,由于结构内存在内应力,装配件将产生回弹变形,使装配件的形状相对于装配夹具定位基准面产生一定的误差。

例如,由蒙皮、长桁和翼肋组成的板件在装配夹具内装配时,假设在中间某个卡板处,零件表面与卡板定位基准面之间存在一定的协调误差 Δ_i,如图1.8所示,需要通过夹紧力 Q_i 使零件表面与卡板定位基准面相贴合。

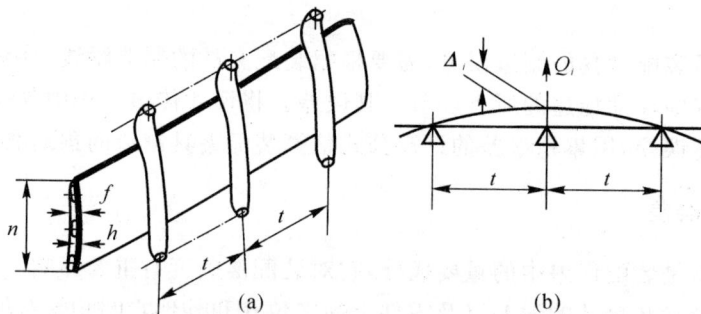

图1.8 板件装配时在装配夹具内定位蒙皮
(a)板件; (b)简化模型

由于零件定位时施加了夹紧力,因此,在零件中将产生内应力。而在板件装配好并松开夹紧件后,结构中的内应力将重新分布,形成残余力 $P_{残余}$。残余力肯定小于所施加的夹紧力 Q_i,而且残余力 $P_{残余}$ 应小于一定的允许值,以免在结构中存在过大的内应力而影响到结构的强度。同时,在松开夹紧件以后,板件将产生回弹变形。残余力 $P_{残余}$ 和回弹变形的大小取决于板件的刚度。

第四节 提高装配准确度的补偿方法

为使飞机装配能够顺利进行,希望进入装配的零件和组合件具有互换性。

所谓互换性是指零件和装配件的几何形状、尺寸及物理机械性能在一定的误差范围以内,装配时不需要经过修配、补充加工或调整,在装配以后能够完全满足规定的技术要求。具有互换性的零件和装配件对装配工作是十分有利的。因在装配过程中,不需要对进入装配的零件和装配件进行试装和修配,能减少手工修配工作量,缩短装配周期,故便于组织均衡的、有节奏的生产。实际上,在飞机成批生产中,许多钣金零件、机械加工件、装配件都是可以互换的,即在装配时不需要进行修配和补充加工。

但对一些复杂结构中准确度要求很高的某些重要尺寸,为了保证装配后能达到所要求的准确度,过分提高零件和装配件的制造准确度,在经济上不合理,在技术上也做不到。因此,在飞机装配中,对某些准确度要求很高的配合尺寸,则采用各种补偿的方法,以便最后能达到所要求的准确度。

所谓补偿方法就是零件或装配件中某些准确度要求高的尺寸,在装配时或装配后,通过修配、补充加工或调整,部分消除零件制造和装配误差,最后达到所要求的准确度。

采用补偿方法时,飞机装配的工作量将有所增加,但从整个制造过程来看,将取得更好的经济效果。

飞机装配中采用的补偿方法可以分为两类:一类是从工艺方面采取的补偿措施,称为工艺补偿;另一类是从结构设计方面采取的补偿措施,称为设计补偿。

一、工艺补偿方法

工艺补偿是从工艺方面采取的补偿措施,如装配时进行相互修配,或装配后进行最后精加工。

1. 装配时相互修配

在飞机制造中,有些准确度要求高的配合尺寸,在零件加工中,当用一般的加工方法难以达到要求时,或者在零件加工时虽能达到要求,但在装配过程中由于有装配误差,在装配后难以达到给定的要求时,可以在装配时采用相互修配的方法来达到。由于修配工作一般是手工操作,相互修配时,有时要反复试装和修配,所以工作量比较大。而且,相互修配的零件或部件不具有互换性。因此,在成批生产中应尽量减少采用修配的方法。

例如,飞机外蒙皮之间的对缝间隙有时要求比较严格,甚至有时要求对缝间隙小于1 mm。机身和机翼蒙皮的尺寸一般比较大,有的长达 5～6 m,如果单靠零件制造的准确度来保证这些蒙皮对缝间隙要求,在技术上是很难做到的。

解决方法。在蒙皮制造中,在蒙皮的边缘处留下一定的加工余量,当装配时,对蒙皮的边缘进行修配,最后达到蒙皮对缝间隙的要求。修配时,通过试装,按蒙皮对缝间隙要求确定修配余量大小,然后去掉加工余量。为使整个蒙皮对缝能达到要求的间隙,有时需要多次反复试装和锉修。

扩展应用。起落架护板、舱盖和舱门的边缘、长桁端头等,为了保证配合或间隙要求,有时也采用相互修配的方法。为了保证组合件或部件之间相对位置准确度要求,在试制或小批量生产时,有时也采用相互修配的方法。

2. 装配后精加工

在飞机装配过程中,对准确度要求比较高的重要尺寸(一般为封闭环尺寸),由于零件加工和装配过程中误差积累的结果,因此,在装配以后达不到所要求的准确度。若采用相互修配的方法,不仅手工劳动量大,而且还满足不了互换性要求。为了减少手工修配工作量并使产品达到互换要求,则应采用装配后进行精加工的工艺补偿方法。装配后精加工所用的设备属于专用设备,精加工设备的造价高、占用生产面积大,精加工工序增加了装配周期。因此,应设法改善飞机结构的工艺性,尽量避免采用装配后精加工的工艺补偿方法。

例如,歼击机的前机身与机翼和前起落架用叉耳式接头进行连接,各部件上这些叉耳式接头螺栓孔的位置尺寸准确度和配合精度要求都比较高,并且要求部件之间具有相互性。

解决方法。在零件加工和装配过程中,各叉耳接头上的螺栓孔均留有一定的加工余量,在部件装配好以后再对接头螺栓孔进行最后加工,以消除零件加工和装配过程中产生的积累误差。

装配后的精加工一般是在专用的精加工设备上进行的。如图 1.9 所示就是上面提到的前机身上的各接头最后精加工用的设备。在前机身装配好以后,在前机身精加工台上进行定位,然后通过扩孔头上的扩孔刀和铰刀,按导向支架上的导向衬套导向,对各接头上的螺栓孔进行最后精加工。

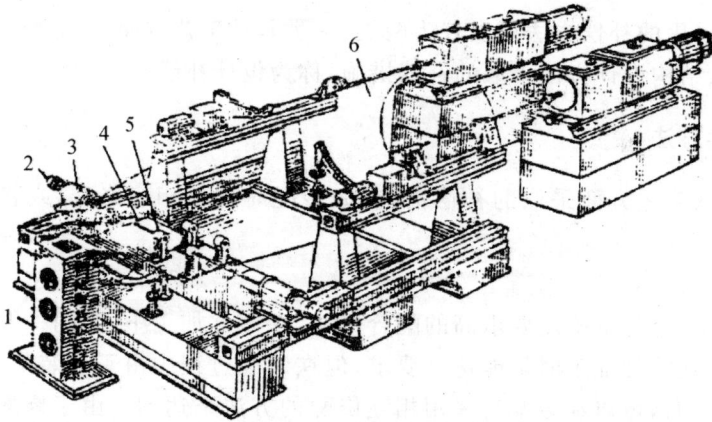

图 1.9 前机身对接接头精加工台

1—定位器支架; 2—扩孔头电机; 3—扩孔头; 4—扩孔刀加长杆;
5—带导向衬套的导向支架; 6—前机身外轮廓

对于部件之间为凸缘式的连接接头,如果凸缘接头的刚度较大,对接平面之间的贴合度要求又比较高,为保证对接面的准确度和部件的互换性,需要对部件上的凸缘对接面进行最后精加工。如果各对接螺栓和螺栓孔之间的公称间隙比较小(如在 0.2 mm 以内),还需要对各螺栓孔进行最后精加工。

如图 1.10 所示为中翼凸缘对接接头精加工台,如图 1.11 所示为中翼凸缘对接接头精加工详图(在精加工台上对凸缘接头的对接面、螺栓头贴合面、螺栓槽和螺栓孔进行精加工等详图)。

扩展应用。为了保证机翼与起落架护板、副翼和襟翼之间对缝间隙和互换要求,机翼上的起落架护板舱、副翼舱和襟翼舱处的蒙皮边缘预先留有加工余量,在机翼装配好以后,在精加工台上按靠模板对蒙皮边缘进行最后的精加工。

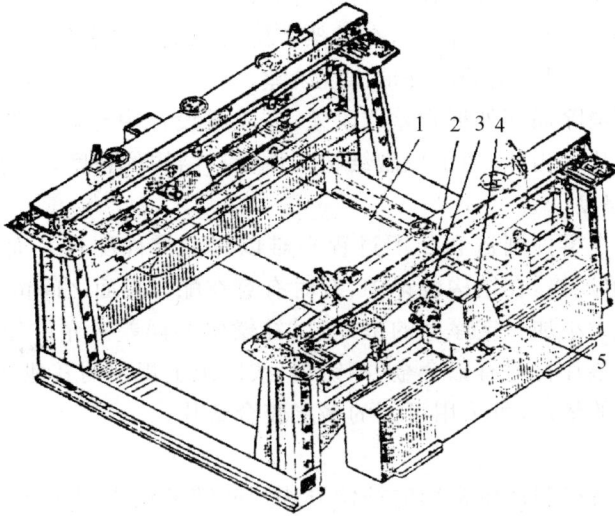

图 1.10　中翼凸缘对接接头精加工台

1—中翼外轮廓；　2—定位板；　3—铣切头；　4—铣切头移动座；　5—导向底座

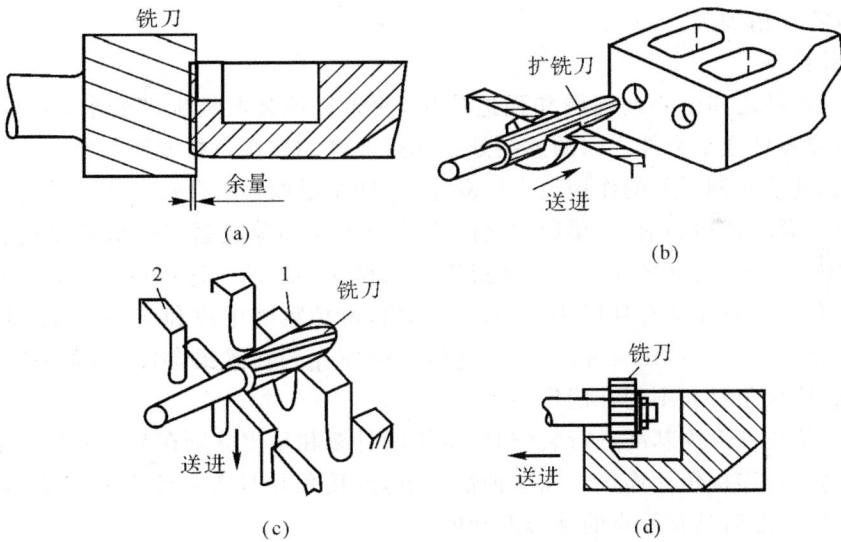

图 1.11　凸缘对接接头精加工详图

(a)铣端面；　(b)扩孔和铰孔；　(c)铣螺栓槽；　(d)铣螺栓头贴合面

1—凸缘接头；　2—靠模板

二、设计补偿方法

设计补偿是从飞机结构设计方面采取的补偿措施，以保证产品的准确度。如在飞机结构中采用垫片补偿、间隙补偿、连接补偿件以及可调补偿件等。

1. 垫片补偿

垫片补偿是飞机制造中经常使用的补偿方法，用以补偿零件加工和装配过程中由于误差累积偶然产生的外形超差,或用以消除零件配合表面之间由于协调误差所产生的间隙。

例如,当以骨架为基准进行装配时,在骨架装配好以后,通过检验检查出骨架上某些局部外形超差,或骨架零件之间相交处的外形出现阶差。

解决方法。为了消除局部外形超差或阶差,在飞机设计中允许在骨架和蒙皮之间按实际需要加一定厚度的垫片。当然,为了控制结构的质量和结构的强度,对每个部件都规定有允许加垫的数量、面积和厚度。

拓展应用。对于在零件制造和装配过程中难以保证零件配合表面之间很好贴合的情况下,为了不致产生强迫连接,在结构设计中,有时有意在配合表面之间留有公称间隙。装配时,根据实际存在的间隙大小加一定厚度的垫片,以补偿协调误差。允许加垫的部位和厚度在飞机图纸上予以规定。垫片材料有铝合金、不锈钢,或图纸上规定的其他材料。为了便于根据实际需要选择一定厚度的垫片,可采用可剥的多层胶合垫片。

2. 间隙补偿

间隙补偿也是在飞机制造中常用的补偿方法。间隙补偿常用于叉耳对接配合面,或用于对接螺栓和螺栓孔。保证飞机各部件之间对接的协调准确度和互换性,是飞机制造中的关键技术问题。为了便于保证对接的协调准确度和互换性,对叉耳接头的配合面,对凸缘式对接接头的对接螺栓和螺栓孔之间往往是采用有公称间隙的配合。这样可以减少装配后精加工的内容,甚至可以不用精加工。

3. 连接补偿件

为了减少零件之间的协调问题和强迫连接,便于保证装配准确度要求,在飞机结构设计中,往往在重要零件或组合件之间的连接处增加过渡性的连接角材或连接角片,这些连接角材或角片可起到补偿协调误差的作用。在机翼上,翼肋中段两端若通过弯边直接与前、后梁相连接,当装配时在翼肋弯边和前、后梁腹板之间必然会出现间隙或紧度而形成强迫装配。因此,机翼的翼肋中段与前、后梁之间一般是通过连接角材相连接的。连接角材一方面有加强前、后梁腹板的作用,另一方面又有补偿协调误差的作用,避免翼肋中段和前、后梁之间出现不协调和强迫装配的问题。当然,在装配过程中,连接角材应先装在梁组合件上,而不能先装在翼肋中段上,否则,连接角材起不到补偿作用。

当部件以蒙皮外形为基准进行装配时,结构的骨架和蒙皮分别在装配夹具中定位,在骨架和蒙皮之间则通过连接角片连接。在这种情况下,连接角片具有补偿零件制造和装配误差的作用,保证部件装配后具有较高的外形准确度。

4. 可调补偿件

以上所述各种工艺补偿和设计补偿方法,是在装配中用来补偿各种误差的,在装配好以后一般不能再进行调整。而可调补偿件的特点,是在飞机装配好以后或在使用过程中,仍然可以方便地进行调整。

某些部件之间的相对位置准确度要求很高,在部件装配时很难达到这些要求,而且在飞机使用过程中,由于结构产生了永久变形,使这些重要的部件间相对位置超差。在这种情况下,在飞机结构设计中需要采用可调补偿件,以便对部件间的相对位置进行调整,达到技术条件所规定的要求。这些重要部件的相对位置包括发动机相对于机身的位置、机翼或水平尾翼的安装角、机关炮和照相舱相对于机身位置等。

根据需要可调补偿件可采用各种结构形式,如螺纹补偿件、球面补偿件、齿板补偿件、偏心衬套以及综合采用各种补偿形式的补偿件等。

如图 1.12 所示发动机与机身连接接头的示意图,在主接头上装有球面衬套,以补偿机身接头和发动机接头间的不同轴度,并用辅助接头上的可调螺杆调整发动机相对于机身的位置。

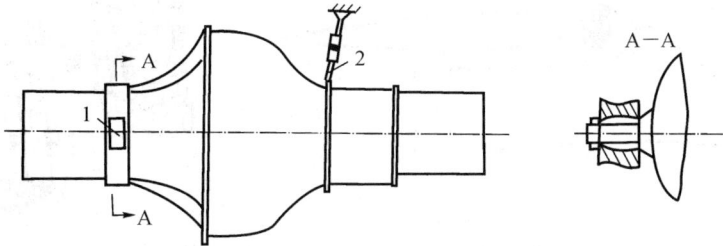

图 1.12　发动机与机身连接接头的示意图
1—主接头；　2—辅助接头

如图 1.13 所示是发动机通过发动机架与机身相连接,通过偏心球面衬套 4 及可调螺杆 7 调整发动机相对于机身的位置。

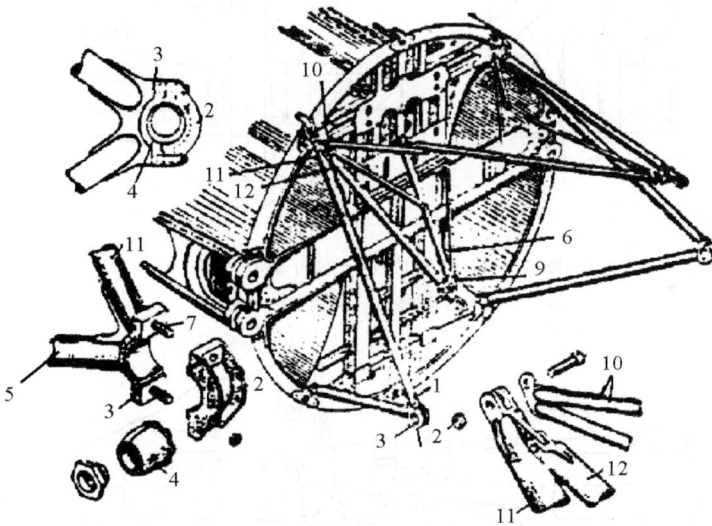

图 1.13　发动机通过发动机架与机身相连接
1,6,9,10,11,12—发动机架及其附件；　2—接头盖；　3—主接头；
4—偏心球面衬套；　5—叉形接头；　7—可调螺杆；　8—锁紧螺帽

如图 1.14 所示为水平安定面与下垂直安定面的连接,前接头是带有长圆孔的齿形板的可调补偿件,用以调整水平安定面的安装角。

如图 1.15 所示为带锥面配合的可调补偿件(锥面配合的两种连接接头)。图 1.15(a)所示是在锥座下面按实际需要加一定厚度的垫片,以调整两部件接头间的距离,对接螺栓和螺栓孔间有公称间隙,故螺栓只承受拉力,剪力则由锥面传递。图 1.15(b)所示的结构形式与图 1.15(a)所示相似,只是锥座通过下面的螺纹连接可按需要调整锥座的高度。

如图 1.16 所示为一种结构更为复杂的可调补偿件,曾用于发动机与机身的连接。这种可调补偿件是利用带内螺纹的接头和带球头的螺杆间的螺纹连接调整轴线尺寸,调整好以后用锁紧螺母固定,并利用球面配合补偿轴线间的角度误差。

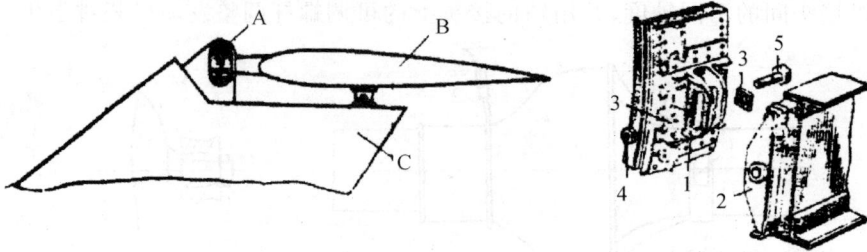

图 1.14 水平安定面与下垂直安定面的连接

A—齿型垫; B—水平尾翼; C—下垂直安定面

1—带齿形板的接头; 2—水平安定面前接头; 3—带齿形面的垫片; 4—螺母; 5—对接螺栓

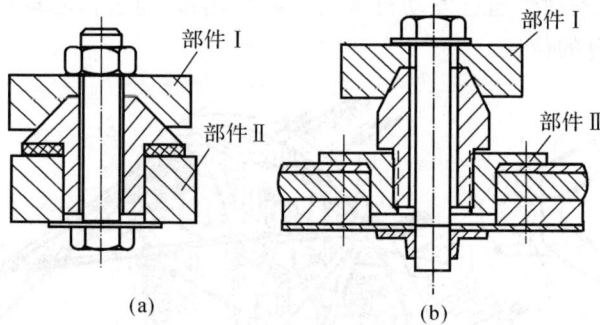

(a)   (b)

图 1.15 带锥面配合的可调补偿件

(a)用垫片调整; (b)用螺纹调整

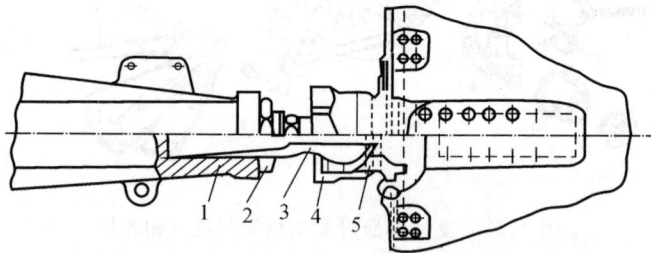

图 1.16 发动机与机身连接用的可调补偿件

1—带内螺纹的接头; 2—锁紧螺母; 3—带球头的螺杆; 4—固定螺母; 5—球形座

可调补偿件一般主要用在飞机使用过程中需要调整的部位,并在飞机设计中规定只允许在使用过程中进行调整。允许在制造过程中调整的可调补偿件,一般在飞机图纸上明确限定在制造过程中允许调整的范围,给使用过程中保留一定的调整余量。

思　考　题

1.飞机装配准确度的要求主要包括哪些内容?

2. 制造准确度和协调准确度的定义及它们之间的联系是什么?

3. 在型架内以骨架外形为基准装配的准确度主要取决于什么?

4. 对不同的装配方法,装配误差中包括哪些环节的误差? 影响各环节误差的主要因素有哪些?

5. 试述工艺补偿和设计补偿的区别和特点,工艺补偿的类型、特点和适用情况,设计补偿的类型、特点和适用情况。

第二章 胶接与胶接结构装配

第一节 金属胶接概述

飞机生产中的装配连接主要有机械连接(铆接、螺接)、焊接和胶接。胶接是通过胶粘剂将零件连接成装配件,是现代航空新产品中常用的装配连接方法之一。胶接又分为结构胶接和非结构胶接两种。

非结构胶接通常是指在飞机上安装的非承力构件,如垫片、嵌件、包敷物等的粘接。该胶接主要是通过胶粘剂分子间的内聚力及其与被粘物表面的粘附力,形成牢固的胶接连接。

结构胶接通常是指在飞机上安装的次承力或承力构件,如机翼后缘壁板、垂尾前缘、调整片、扰流板等,多为金属胶接构件和复合材料胶接构件。该胶接主要是通过加温、加压固化成型成各种连接构件,质量小且强度高。金属胶接工艺与复合材料工艺是飞机生产近年来发展较快的两项新兴工艺。随着这两项工艺在飞机上的推广使用,对提高飞机性能,减小飞机质量具有积极的作用。

本章主要讲述金属胶接结构与装配。

一、金属胶接的特点

金属胶接是指采用胶粘剂将金属材料粘接成整体。若粘接的对象为结构件,则称为金属结构胶接。金属胶接相对于机械连接和焊接具有以下特点:

1. 优点

(1)胶接范围广,可胶接不同性能、不同厚度与形状的材料,并可根据材料和受力特点进行结合。

(2)结合处应力分布均匀,抗振动疲劳性特别好,特别适合薄片的结合。

(3)工艺设备较简单,成本低,省去钻孔、铆接紧固件等工序。

(4)表面光滑,没有铆钉头的凸起和点焊点的凹陷,结构变形小,空气动力性能好。

(5)粘接兼有密封、防腐、绝缘能力。

(6)可减小质量,适合航空和航天的需要。

(7)被胶接部件相对于机械连接或焊接而言,其疲劳强度高、应力分散、止裂性能好。例如飞机上推广使用的金属胶接结构蜂窝壁板,具有较高的比强度和比刚度。

2. 缺点

(1)采用胶接的部件适用的温度范围相对较窄,使用温度一般能达到150℃左右,极少数可在200℃以上工作,随着温度上升,强度明显下降。耐低温在−50℃左右。

(2)胶接接抗不均匀,剥离强度差。胶接的抗拉、抗剪强度是靠整个结合面保证的,但端头局部一点或一条线受力时强度不高。

（3）性能稳定性差,可靠的非破坏性检查方法有待提高。胶缝强度的稳定性差,例如胶缝的抗剪强度可在±15％范围内变动。

（4）胶粘剂有老化问题,贮存保管条件较严格。

（5）胶接过程中影响胶接性能的因素较多,易产生胶接缺陷。

（6）维修困难。

二、金属结构胶接件的分类

金属结构胶接件一般分为两大类:板-板胶接构件与板-芯胶接构件。

板-板胶接的典型零件有机身地板、机翼后缘上壁板、后缘蒙皮组件、平尾前缘、垂尾前缘、翼尖、口盖等,如图2.1所示。

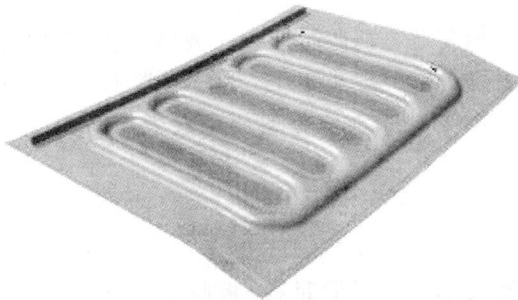

图 2.1　板-板胶接典型零件(口盖壁板)

板-芯胶接结构多为楔形件、蜂窝壁板等,典型零件有副翼调整片、扰流板、升降舵和方向舵调整片等,如图2.2所示。

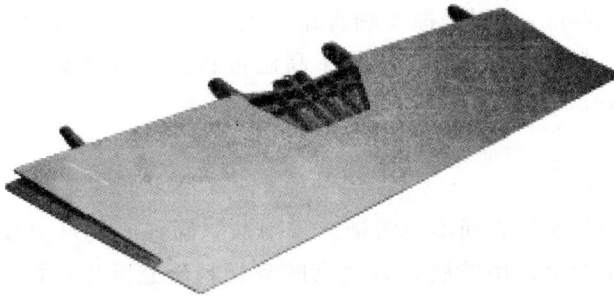

图 2.2　板-芯胶接典型零件(扰流板)

第二节　结构胶粘剂

结构胶粘剂一般以热固性树脂为基体,采用热塑性树脂作增韧剂,还有固化剂等成分。有的还配有溶剂、稀释剂、抗腐蚀剂、载体、填料等。结构胶粘剂大多以环氧树脂为基体,此外,还有以酚醛树脂、聚氨酯等为基体的胶粘剂。胶粘剂的性能主要取决于各成分的组成、配比及相容性。

按照胶粘剂的使用特点,胶粘剂可分为板-板胶粘剂、面板胶粘剂、芯条胶粘剂、发泡胶粘剂、底胶、修补用胶粘剂等。

一、板-板胶粘剂

板-板胶粘剂主要用于板与板的胶接。它主要具有较高的剪切强度、抗剥离强度、抗疲劳强度,以及良好的耐高低温性能。通常飞机生产上使用的板-板胶粘剂主要有黑龙江石化所生产的J116B与北京航空材料研究院生产的SY14C等国产胶粘剂,以及进口的AF163等胶粘剂。

二、面板胶粘剂

面板胶粘剂主要用于面板与芯材的胶接。除了要满足板-板胶接要求外,还应能在蜂窝芯端面形成圆角。其固化挥发物含量一般小于1.5%。通常飞机生产上使用的面板胶粘剂主要有黑龙江石化所生产的J116B与北京航空材料研究院生产的SY14系列国产胶粘剂,以及进口的FM73等胶粘剂。

三、芯条胶

芯条胶主要用于制造蜂窝芯。除了满足板-板胶接要求外,还应具有足够的韧性和耐热性,使蜂窝芯具有满足技术要求的高温节点强度、剪切强度和压缩强度。通常飞机生产上使用的芯条胶主要有北京航空材料研究院生产的SY13-2胶粘剂。

四、发泡胶

发泡胶也称泡沫胶,主要用于蜂窝芯拼接,以及蜂窝芯四周边缘胶接及填角。发泡胶的发泡工艺参数应与面板胶匹配,其固化挥发物含量一般小于1.5%。通常飞机生产上使用的发泡胶主要有北京航空材料研究院生产的SYP1高温带状泡沫胶、SYP3A高温粉状发泡胶,以及进口的FM410和AF3024泡沫胶等。

五、底胶

底胶主要用于保护被胶接表面不受污染。采用抑制腐蚀底胶可提高胶接件的耐应力,即环境性能。通常飞机生产上使用的底胶有北京航空材料研究院生产的SYD4、黑龙江省科学院石油化学研究院生产的J117,以及进口的BR127和EC3960底胶等。

六、修补胶

修补胶主要用于结构件产生缺陷时的修补。为适应修补环境的需要,修补胶应具有较低的固化温度和较小的固化压力,以及较低的胶接表面要求。通常,飞机生产上使用的修补胶有北京航空材料研究院生产的SY20C胶粘剂,以及进口的BMS8-201和EC2216胶粘剂等。

第三节　金属胶接工艺

金属胶接结构主要包括板-板胶接结构和板-芯胶接结构两类,虽然结构形式不同,但工艺流程基本相同。板-芯胶接结构的胶接工艺流程覆盖了板-板胶接结构的工艺流程,只是在涉及蜂窝芯时的工艺内容及参数不同,其余基本相同。下面以板-芯胶接结构的胶接工艺流程为例来介绍金属胶接的工艺流程。

板-芯胶接结构的胶接工艺流程如下:

生产准备(胶接夹具、蜂窝芯、金属面板等)→预装配→磷酸阳极化→喷底胶→铺胶膜、装配→封装、制袋→固化→清理胶梗→胶接质量检测→缺陷修补(必要时)→胶接结构件。

一、蜂窝芯制造

目前,国产飞机选用的铝蜂窝芯材料为 LF2Y 型铝箔、SYD2 底胶和 SY13-2 芯条胶。LF2Y 型铝箔经过磷酸阳极化处理后,涂敷上底胶和芯条胶,经压制固化成叠层板,再通过拉伸法成型为正六边形的耐久型铝蜂窝芯。其制造工艺如下。

1. 铝箔清洗

铝箔清洗一般都经过碱洗槽除油、热水槽喷淋、冷水槽漂洗及喷淋、硝酸槽酸洗、冷水槽漂洗及喷淋、磷酸阳极化、烘干、收卷这一连续生产过程。

(1)碱洗槽液的配制。碱槽液配制及质量控制:氢氧化钠浓度为(5±1)g/L,磷酸三钠浓度为(40±5)g/L,硅酸钠浓度为(10±2)g/L;槽温为 60~85℃;处理时间为 0.5~2.0 min。一般地,该槽液一次处理约 150 kg 铝箔后即更换,若铝箔污染严重,可酌情缩短更换槽液的周期。

(2)硝酸槽液的配制。硝酸槽液的配制相对比较简单,只要控制硝酸浓度为 300~500 g/L 即可。槽温为室温,因铝箔是连续清洗的生产过程,故处理时间与碱除油时间相同。此外,在正常生产状况下,硝酸槽每个月更换一次槽液。

(3)磷酸阳极氧化槽液的配制。铝箔在酸洗并经冷水漂洗和喷淋后要进行磷酸阳极氧化。其槽液的配制和质量控制:磷酸浓度为 140~300 g/L;阳极化直流电压为 20~30 V;阳极化温度为 25~35℃;阳极化时间为 0.5~1.5 min。

(4)热、冷水槽的控制。热水槽的水温一般不低于 50℃,最好在 80℃左右。冷水槽中的冷水为室温,其水质为去离子水。

(5)烘干。经磷酸阳极氧化的铝箔应通过烘箱烘干处理才能完成清洗过程。一般烘箱的烘干温度控制在 120~140℃范围,烘干时间与碱除油时间相同。

2. 铝箔涂敷底胶

经清洗并磷酸阳极氧化的铝箔应在 3 天内浸渍底胶并烘干。目前,铝箔生产所涂敷的是北京航空材料研究院生产的 SYD2 底胶。SYD2 底胶使用状态的浓度为 0.9%~1.1%,采用无水乙醇稀释。底胶在使用前应充分搅拌均匀。经浸涂底胶的铝箔应通过 80~100℃的烘箱温度烘干。

3. 铝箔涂芯条胶

铝箔所涂的芯条胶牌号为 SY13-2,属双组份胶粘剂。芯条胶应在使用前进行配制,配制比例为甲组份：乙组份＝1∶3(质量比)，经配制后用于涂芯条的胶粘剂的粘度用涂—4粘度计测量为100～150 s。若粘度偏大，可用乙酸乙酯进行稀释。经配制的胶液的适用期为1个月。涂胶时铝箔运行的速度可控制在1～3 m/min。涂敷芯条胶的铝箔通过温度为120～140℃的烘箱烘干。涂胶机在涂芯条胶的同时完成烘干、冲孔及裁剪工序。因此，应将经烘干后裁剪下的铝箔对准位置后叠合，用于压制蜂窝叠层板。叠层板在压制与固化前应按照要求生产的铝蜂窝芯的大小进行叠合。铝箔叠合层数按下式计算：

$$N = 2W/\sqrt{3} \times a + n$$

式中　　N —— 铝箔叠合层数，张；

　　　　W —— 拉伸成型后的蜂窝芯横向长度，mm；

　　　　a —— 蜂窝芯格名义边长，mm；

　　　　n —— 工艺余量的补偿层数，张，一般取$n=10$。

4.压制与固化叠层板

叠层板应经过常温预压，加温压制固化，降温取件过程。常温预压的工艺参数：压力为1.5～6 MPa(表压)；时间为30～60 min；温度为室温；压机型号为250 T液压机。加温压制固化的工艺参数：以(2～3)℃/min的速率从室温升至(75±5)℃，保温30～40 min，加压至3～6 MPa(表压)，再以(2～3)℃/min的速率从(75±5)℃升至(180±5)℃，保温保压(180±5) min后，以不大于5℃/min的速率从(180±5)℃降至80℃以下卸压取件。

5.拉伸成型

经压制固化的叠层板采用带锯按所需要高度锯切并铣切后，经粘接拉伸条带后放入蜂窝拉伸机进行拉伸成型。拉伸长度按下式计算：

$$L = \sqrt{3}a \times N/2$$

式中　　L —— 拉伸后蜂窝芯横向长度，mm；

　　　　a —— 芯格边长，mm；

　　　　N —— 铝箔叠合层数，张。

制取的蜂窝芯应进行节点强度与外观的检验。经检验合格的蜂窝芯才能用于生产。

6.蜂窝芯的加工

蜂窝芯的加工包括外形的加工与高度方向的加工。

(1)外形加工。蜂窝芯外形加工相对比较简单，一般采用普通的手工刀按样板或模胎形状切取即可。切制时应注意不要损伤蜂窝芯格壁以及撕裂粘接面，也可采用数控加工。

(2)高度方向加工。蜂窝芯高度方向的加工一般分3种类型：等高平面、斜平面和曲面。等高平面与斜平面的加工方法基本一样，即加工斜面时将一侧倾斜至适当角度即可。加工的方法一般采用圆盘无齿铣刀于多坐标数控铣床上铣切。铣切工艺参数如下：铣切速度为60～70 m/s；进给速度为不大于0.5 m/min；吃刀深度为不大于1 mm。蜂窝芯的固定一般采用聚乙二醇，小面积的蜂窝芯也可采用双面压敏胶带固定。曲面的加工难度比较大，其加工方法与平面类似，但曲面要靠数控编程确定。此外，两侧尺寸与位置的协调难度也较大。目前，飞机上较复杂的双曲面蜂窝芯的加工尚处于试验、攻关阶段。

(3)蜂窝芯周边压制成型。这是飞机生产上常用的一种蜂窝芯加工方法，采用模胎将等高的蜂窝芯周边压制成一定宽度的、带斜面的、用于金属蜂窝壁板件的芯子。其方法是将铝蜂窝芯按样板或模胎切制外形后放在专用模胎内，采用加压的方法将芯子周边压缩变形成为斜面而成的。以该方法制成的铝蜂窝芯的斜面部位的稳定性、抗压性较好，与模胎的协调性也较好。

二、胶接工艺过程

金属胶接件分为板-板胶接件和板-芯胶接件两类。板-板胶接件一般由面板（蒙皮）、垫板、长桁、长梁等组成。板-芯胶接件也就是通常所说的蜂窝夹层结构件，一般由面板（蒙皮）、铝蜂窝芯、垫板、封边件等组成。按其外形可分为平板件、曲面件及楔形件3种。飞机生产上常用的板-芯胶接件主要有金属蜂窝壁板与楔形件两种。蜂窝夹层结构件制造工艺过程如下。

1. 预装配

金属胶接件的预装配工序将对胶接件固化后的外形及胶接质量起到极为关键的作用。所有用于蜂窝夹层结构件制造的零件，包括面板、垫板、封边板、铝蜂窝芯等均应进行预装配。检查各相关胶接零件之间的配合质量及间隙，加以必要的修配，以保证胶接零件表面粘接良好，胶接固化后能获得合理的胶层厚度。

只有经过预装配协调的零件才能用于组件的胶接。各零件在预装配中的配合间隙及质量要求如下。

（1）预装配时，在自然状态或手指压力下检查胶接面的配合间隙，一般要求为板-板胶接的配合间隙不大于 0.2 mm；板-芯胶接的配合间隙不大于 0.08 mm，具体的间隙要求以设计技术文件为准。

（2）蜂窝芯侧边与边缘件之间的最大间隙不超过 0.76 mm；蜂窝芯端面高于边缘件的阶差不大于 0.30 mm，具体的间隙及阶差要求以设计技术文件为准。

（3）垫板周边与蜂窝芯下陷周边间隙不大于 1.00 mm；垫板与蜂窝芯压皱区下陷，蜂窝芯端面高于垫板 0.20～0.40 mm，具体的要求以设计技术文件为准。

（4）板-板胶接胶缝厚度为 0.18～0.20 mm，板-芯胶接胶缝厚度为 0.05～0.08 mm，具体的要求以设计技术文件为准。

（5）当要求胶接件具有较高的性能时，应采用校验模检查技术。该技术是利用专用的校验模来模拟结构胶膜，经装配和模拟固化后，再加以分解，检查胶接面之间的装配质量。

2. 待胶接件表面处理

胶接表面质量是获得优良胶接质量的前提。除表面处理方法应先进、可靠外，还应保证以新鲜、洁净的胶接表面状态进入后续的底胶涂敷和胶接装配工序。

（1）待胶接金属件表面处理。所有金属件均应按要求进行磷酸阳极氧化处理。经氧化处理的零件应在 2 h 内转入清洁间内，并于 8 h 内喷涂底胶。经处理的金属件的粘接表面严禁赤手接触。

如果已阳极氧化的零件未涂底胶而被油、油脂、脱模剂等污染，则重新处理前要求清洗，干燥后 72 h 内涂底胶。

（2）铝蜂窝芯的处理。用于胶接的铝蜂窝芯的待胶接面应清洁，无目视可见的油污、杂质、灰尘或其他污染物。被污染的铝蜂窝芯可用丙酮或三氯乙烷清洗。

3. 铝蜂窝芯的机加与填充发泡胶

（1）铝蜂窝芯的拼接。铝蜂窝芯面积不够时，允许采用与制造铝蜂窝芯所用相同的芯条胶或带状发泡胶拼接。

（2）蜂窝芯的固定。将要铣切的铝蜂窝芯采用聚乙二醇固定。即先将铝蜂窝芯用压敏胶带临时固定在铣切夹具上，然后将聚乙二醇粉末均匀地灌入铝蜂窝芯的芯格内，高度约10 mm。通过加热铣切夹具至 88～110℃并保持 30～60 min，使聚乙二醇完全融化，待夹具冷却后即可固定铝蜂窝芯于夹具上。

（3）按要求铣切铝蜂窝芯至图纸尺寸。

（4）去除聚乙二醇。通过再加热夹具至 88～110℃并保持 30～40 min，使聚乙二醇融化，极其小心地取下加工完的铝蜂窝芯，再以热水冲、漂、洗的方法去除聚乙二醇。最后将铝蜂窝芯在 75～85℃的烘箱内干燥 1～3 h。

（5）铝蜂窝芯填充发泡胶。蜂窝壁板上使用的铝蜂窝芯经压制成型的周边需填充 SYP3A发泡胶。填充发泡胶的工艺：抽真空 0.03 MPa 后加压，当罐压达到 0.05 MPa 时，真空管路通大气，加罐压至 (0.14±0.02) MPa，同时以 (1～5)℃/min 的速率将温度从室温升至 (178±3)℃，保温保压 (50±10) min，以不大于 4 ℃/min 的速率将温度从 (178±3)℃降至 60℃以下，卸压出罐取件。

4. 金属件喷涂底胶

底胶喷涂质量对胶接质量的优劣具有举足轻重的影响，用于胶接的金属件都应喷涂底胶。底胶喷涂时的环境控制及喷涂要求如下：

（1）底胶喷涂应在胶接环境控制区（清洁间）进行，控制温度为 18～32℃，相对湿度为55%±10%。

（2）底胶喷涂前的准备。从低温箱中取出的底胶，在打开容器之前应调温至 18～30℃，以免湿气冷凝。放回低温箱之前应重新密封。使用前，将每个容器在搅拌器上充分混合，至少混合 15 min。喷涂设备应在容器中提供连续搅拌，如果停止搅拌，则再次使用前应再搅拌至少2 min。

（3）喷涂零件。以适当的方式支撑被喷涂的零件，喷涂连续的涂层。在可能的情况下应使底胶覆盖区比实际胶接区周边均大出至少 3 mm。零件喷涂的胶量不足或过多，或目视有流淌，或超过膜厚要求是不合格的。在底胶干燥之前，可用丁酮去除过喷的底胶。小心不能让溶剂损伤胶接区的底胶。

（4）底胶固化。

1）SYD4 底胶。空气干燥底胶至少 30 min，或在红外线灯下（最高 93℃）烘烤至无粘性。在 (120±5)℃下干燥至少 30 min。固化后的底胶厚度应为 2～8 μm。

2）J117 底胶。空气干燥底胶至少 30 min。在 (80±5)℃的烘箱内干燥至少 20 min。固化后的底胶厚度应为 5～10 μm。

（5）检验。已喷底胶的非胶接表面必须有上述要求的最薄的底胶层，正常的喷过底胶的零件应呈现光泽。不允许有流痕、漏喷。允许在非胶接面上喷上底胶，厚度不作要求。

在底胶烘烤前，如底胶厚度低于规定的最小厚度要求时可再次喷涂，使其厚度符合要求。但第二次喷涂的底胶也应在第一次喷涂底胶后的 120 h 内固化。

已喷有底胶并固化的零件，在控制污染区内贮存少于 30 d（喷涂 J117 的零件贮存时间应少于 20 d），可以不进行处理而直接用于胶接。

5. 铺贴胶膜、封装、制真空袋

将准备好的喷涂底胶及烘干的金属件、铝蜂窝芯等进行贴胶膜、装配组合、封装并制真空袋。在被胶接的零件上铺贴胶膜时应遵循以下原则。

（1）一般地，一个胶接接头仅在一个待胶接表面上铺贴一层胶膜。若配合稍差部位需增加铺贴一层胶膜，也必须铺贴在同一待胶接面上。

（2）暴露在大气一侧的胶膜要暂时保留隔离膜。

（3）在铺贴胶膜中夹裹的气泡应采用辊子碾赶或用针刺破的方法排除气泡。

（4）胶膜须拼接时，SY14C 与 J116B 应尽量采用对接，且对接间隙不大于 1 mm；若施工困难则允许搭接，但搭接宽度最大为 5 mm。其他胶膜拼接时应采用搭接，搭接宽度最大为 12.7 mm。胶膜接缝与蒙皮接缝应错开至少 30 mm，距胶接区边缘 50 mm 内不应拼接。

（5）所铺贴的胶膜不应小于净尺寸，不准以任何方法使胶膜拉伸变薄。

（6）胶膜应比零件胶接面的四周大 4～5 mm。被胶接零件为长桁-垫板时，胶膜应铺贴在长桁上；被胶接零件为大梁垫板-加强板时，胶膜应铺贴在大梁垫板上；被胶接零件为后墙垫板-加强板时，胶膜应铺贴在后墙垫板上；被胶接零件为蒙皮-铝蜂窝芯时，胶膜应铺贴在蒙皮上；被胶接零件为蒙皮-其他零件时，胶膜应铺贴在其他零件上。

（7）在将要组装零件时才除去隔离膜。铺贴完胶膜装配好后可进行封装、制真空袋，用于进罐固化。典型制袋示意如图 2.3 所示。

图 2.3　典型制袋示意图

（8）制好真空袋后进行气密检查。对板-板胶接件，抽真空至少为 0.08 MPa；对金属蜂窝夹层组件，抽真空至少为 0.035 MPa；断开真空管路，5 min 内压力降不大于 0.017 MPa。

6. 固化及清理

固化是胶接件实现连接的最重要的工序，其关键是封装制袋质量和固化参数。完成封装、制袋的金属胶接件应在胶粘剂适用期内尽早进罐固化。

将制好袋的零件送进热压罐，接通真空管路，按第二节要求进行气密检查。气密检查合格后方可开始固化。

（1）SY14 胶膜的固化要求。

1）当用于蜂窝夹层件时，在真空压力达到 0.03～0.04 MPa 时升温并向热压罐内加压，当罐压达到 0.03～0.04 MPa 时，将真空袋通大气，直至罐内温度升到 110℃ 时再继续升罐压至部件所需的 0.15～0.35 MPa 压力，并升温至（178±5）℃ 时保温。升降温速率不大于 3.0℃/min，固化时间为（2±0.5）h。温度降至 60℃ 以下时卸压出罐。总固化周期不超过 8 h。

2）当用于板-板胶接件时，在真空压力达到 0.08 MPa 时升温并向热压罐内加压，当罐压达到 0.03～0.04 MPa 时，将真空袋通大气，继续升罐压至部件所需的 0.20～0.70 MPa 压力，并同时升温至（178±5）℃ 时保温。升降温速率不大于 3.0℃/min，固化时间为（2±0.5）h。

温度降至 60℃以下时卸压出罐。总固化周期不超过 8 h。

3）若在胶层温度达到 120℃之前产生真空袋漏气等故障，允许中断固化程序开罐排故。

（2）J116B 胶膜的固化要求。在真空压力达到 0.08 MPa 时，向罐内加压，当罐压达到 0.1 MPa 时，真空管路通大气。继续升压至（0.3±0.02）MPa（特殊要求下允许达到 0.5 MPa，但应经工艺试验确定，并规定在制造指令中）时保压。从向罐内加压时起以不大于 3.0℃/min 的速率升温至（180±5）℃时保温。在胶接部件温度达到 175℃时开始计算固化时间，固化（2.5～3.0）h。固化结束后在保压下以不大于 3.0℃/min 的速率降温，降至 60℃以下时卸压出罐。

（3）清理胶梗。固化后，对外蒙皮和有外观要求的零件采用去胶剂除去不应有的胶痕，然后用清水漂洗，再用碱性清洗液中和，最后用丁酮擦拭。清理时应注意防止去胶剂侵蚀胶缝的正常溢胶部分（即胶梗）。

（4）外形检查。固化后的组件表面应平整，楔形件除了目视检查外，还要求用检验卡板检验外形。外观目视检查要求如下：

1）检查胶缝边缘溢胶的连续性，边缘是否缺胶，并检查胶接件是否错位；

2）检查胶接件的表面质量，包括包铝层划伤或腐蚀、凹坑或鼓包尺寸、凹痕深度、相邻缺陷间距等；

3）检查胶接零件外形及变形量是否超过技术文件规定的要求。

7.胶接质量检测

固化后的零、组件需要进行专门的胶接质量检测，检测后有缺陷的胶接件需经过设计部门处理，并经过修补后方可使用。

注：胶接件在后续周转过程中需用中性牛皮纸进行保护。

第四节 磷酸阳极氧化

一、概述

为获得可靠而耐久的胶接，除了正确选用胶粘剂以外，最重要的是正确选择表面制备方法，改进胶接表面结构。由于胶接主要借助于胶粘剂对胶接材料表面的粘附作用，因此，表面处理就成为决定胶接强度和耐久性的主要因素，并成为整个胶接过程中最重要的工序之一，也是胶接成功与失败的关键之一。

对于铝及铝合金，常用的表面处理方法是阳极氧化。经过阳极氧化的铝及铝合金的表面，会形成一层多孔状的、与基体金属结合牢固的氧化膜，其增加了金属表面的表面能和表面积，有较好的吸附性和浸润性，能够获得较好的胶接强度。由磷酸阳极氧化得到的氧化膜具有较大的孔径和较厚的孔壁，成为胶接牢固而且吸附性强的基体，因此被广泛地用于胶接前的表面处理。

二、磷酸阳极氧化的特点

磷酸阳极氧化形成的氧化膜为 $\alpha - Al_2O_3 \cdot H_2O$，氧化膜的形貌是在多孔的筒式结构上，有开放的纤维结构。氧化膜的防护层（即氧化膜底层）非常致密，无裂纹，防潮。其疏松多孔的氧化层有较高的强度,并与防护层结合牢固,而且两者都能被胶粘剂或底胶充分湿润,牢固地结合。

磷酸阳极氧化膜的厚度和性质随电压、温度、槽液浓度和时间不同而变化,在一定范围内,氧化膜越厚、越致密,耐腐蚀性越好。但与其他阳极氧化膜层比较,磷酸阳极氧化膜层较薄。

磷酸阳极氧化表面更稳定、更耐久。磷酸阳极氧化的抗应力腐蚀性最佳,其改善胶接耐久性归因于生成的氧化膜比铬酸阳极化的膜较开放和较耐水合作用。磷酸阳极氧化表面的防腐蚀性较差。

三、磷酸阳极氧化对胶接性能的影响

磷酸阳极氧化工艺参数在一定范围内波动对胶接性能影响不大,容易保证胶接表面质量稳定。

阳极氧化后至漂洗的间隙时间延长会导致胶接性能下降。水中不溶解固体微粒和氟、氯等离子的存在对胶接不利,配制槽液用水应采用去离子水或蒸馏水。漂洗后的零件烘干温度不应高于 70℃,以免生成不利于胶接的膜层。

四、操作程序

1. 一般要求

(1)本工艺仅适用于结构胶接用铝合金的磷酸阳极化。

(2)操作过程中严禁赤手接触零件表面,拆卸、搬运处理完的零件应戴一次性手套。

(3)阳极化期间不能搅拌溶液。

(4)漂洗时,可搅拌浸渍漂洗水,并打开进水及喷淋水。

(5)阳极化后,涂底胶前,零件不允许用任何溶液清洗或溶剂擦洗。

(6)由于水滴或工艺溶液滴痕导致表面小的暗色,干燥期间仅允许低压去离子水喷洗一次,以除去暗色。

(7)阳极化时应保证零件及挂架不接触阴极。

(8)零件的装卡应以尽量少的接触面传导足够的电量。

(9)零件装挂时,应尽量装卡在零件的耳片或非胶接区。

(10)特殊的零件,可以装卡在工作面上,但是由装卡造成的裸露点的直径应小于2.38 mm,仅有一个接触点时其直径可以达到 3.175 mm。

(11)装卡时应防止零件互相接触、拉伤变形、打折和截留气体,便于溶液循环和排液。

(12)对于 0.5 mm 以下的薄板用夹板固持后,再装挂。

(13)压缩空气的控制满足下列要求:

1)在压缩空气的管路上必须安装油水分离器,并定期清洗。

2)对用于搅拌槽液的压缩空气应进行过滤,符合无油、无水、无杂质的要求,每天应对压缩空气进行检查并做记录。

3)采用一个专用试板(或镜子)检查压缩空气的清洁度。检查方法是在试板上喷涂压缩空气后,目视检查应无油、无水、无杂质。

2. 制造控制

制造控制按以下流程进行。

(1)零件接收。检验零件质量、外观。

(2)临时保护。需要时进行临时保护。

(3)准备。准备有机溶剂、槽液过滤、液面、搅拌、升温。

(4)手工除油。用丁酮去除油污、标记、铝屑等表面严重污物。

(5)装卡。

(6)碱清洗：L8410：30～60 g/L。

温度：60～71 ℃。

时间：10～15 min。

(7)水洗：室温时清洗时间为5～10 min。

(8)检验：零件表面应清洁，水膜应连续。

(9)脱氧：$Na_2Cr_2O_7 \cdot 2H_2O$：30～90 g/L。

H_2SO_4：288～310 g/L。

温度：65.6～71 ℃。

腐蚀速率：0.005 6～0.008 6 mm/(单面·h)。

时间：10～20 min。

(10)淋洗：室温。

时间：5～10 min。

(11)漂洗：室温。

时间：5～10 min。

(12)检验：水膜连续。

(13)阳极氧化：H_3PO_4：97.4～119.8 g/L。

氯化物：$\leqslant 35 \times 10^{-6}$。

氟化物：$\leqslant 75 \times 10^{-6}$。

温度：(25±2.8)℃。

电压：(15±1)V。

升压速率：2～7.5 V/min。

时间：20～25 min。

任何零件从中断电流到漂洗开始的时间间隔不应超出 2.5 min。

(14)逆流漂洗：室温。

第一次漂洗时间：2～2.5 min。

第二次漂洗时间：5～10 min。

(15)干燥。

温度：40～45 ℃。

时间：15～30 min。

(16)检验。

(17)进入清洁间：阳极化后的零件必须在2 h内送入清洁间。

3.维护及质量控制

(1)重配工艺槽再次确认试验要求。任何碱清洗剂、脱氧剂或磷酸阳极氧化槽，重配后都要按规范要求制造组合试片。当一次更换的槽液超过 1/3（含 1/3）时，可认为是进行了重配。

在生产零件之前,应满足规范规定的试验要求。当常规添加化学药品时,不需要再次确认。

(2)烘干炉(箱)内不能用作零件的贮存或保存区。

(3)当零件从容易探测的颜色变化到一个较难看的颜色时,显示着遮蔽或不良的电接触,应马上采取措施。

(4)不合格的零件仅允许重新处理一次。

(5)零件表面由于标记油墨腐蚀、机械加工、打磨、去毛刺等造成的表面粗糙,或由零件形状造成颜色变化检查困难时,在夹挂架上或相反表面上,或未受干扰的表面上的颜色变化,可作为阳极化合格依据。

第五节 加温、加压设备与胶接夹具

金属胶接生产中用到的加温、加压设备主要有热压罐和烘箱等。

一、热压罐

1.热压罐的基本结构

热压罐是一种加温、加压固化设备,如图 2.4 所示,能满足任何形状部件的固化要求。它由罐体和各种系统组成,具体如下:

(1)罐体包括壳体、罐门和开门机构、尾部封头及内部隔热层等;

(2)加热系统包括加热管、热电偶控制仪、记录仪等;

(3)压力系统包括充气和排气用薄膜调节阀、远传压力表、电磁阀、安全阀、减压阀等;

(4)真空系统包括真空泵、截止阀、真空罐、控制阀门、记录仪或检测仪表等;

(5)鼓风系统包括鼓风机、电机、冷却及润滑系统、导风板等;

(7)冷却系统包括冷却器、进水及加水截止阀、电磁阀、预冷装置等;

(8)控制系统包括温度、压力记录仪、真空显示仪及记录仪、各种按钮、指示灯、超温超压报警器、电子计算机系统等;

(9)其他:如托车、贮气罐、导轨及桥架等。

图 2.4 热压罐

2.热压罐固化法的基本原理

热压罐固化法的基本原理是将密封在真空袋中的复合材料坯件或金属胶接组件移入热压

罐中,经过加温、加压,完成材料的固化反应,使制件成为所需要的形状和质量的工艺方法。

3.热压罐固化法的工艺特点及适用范围

热压罐固化法是最常用的固化成型方法之一。目前,承载要求高的绝大多数复合材料结构件和金属胶接构件依然采用热压罐成型。热压罐可成型夹层结构件和层压板制件,也可成型固化组合制件和胶接制件。热压罐固化法的工艺特点如下。

(1)压力均匀。由于用压缩空气向罐内充气加压,罐内各处压力相同,因此制件在均匀压力下固化。

(2)温度均匀。由于罐内装有风扇和导风套,热空气高速循环流动,因此罐内各点温度较均匀。

(3)适用范围广。适用于结构和型面复杂的大型制件,如各种整流罩、机翼蒙皮壁板等。

(4)效率高。由于热压罐容积大,一次可安放两层或多层模具,多种制件一起固化。

(5)一次性投资大。热压罐价格昂贵,使用过程中需要耗用大量的水、电。

二、烘箱

1.烘箱的基本结构

烘箱是一种加热容器(无压),它由箱体、真空系统和加热系统组成。真空系统由真空泵、真空管路、缓冲器、阀门和真空表组成。加热方式为电加热。

2.烘箱适用范围

烘箱主要用于固化低压或有真空压力要求的复合材料制件、金属胶接制件,以及工装预热、蜂窝芯干燥、胶粘剂固化等。

三、热压罐和烘箱的要求

1.设备定期检查

使用鉴定合格的设备,并进行定期检查。

2.技术要求

(1)一般要求。

1)热压罐/烘箱内部应干净,没有污垢、油脂或对结构成型有损害的物质。

2)热压罐应安装超压和超温预警装置。

3)如果在热压罐里使用了易燃材料,或固化温度高于120℃的时候推荐加压时注入 CO_2 或 N_2。

4)在热压罐满载的情况下,加压、加热以及冷却能力应满足适用工艺规范中的固化要求。正常的压力操作范围为 $-0.08\sim1.04$ MPa,升温速率为 $0.16\sim5$℃/min。

(2)温度控制要求。

1)热电偶的校验精度为±1.1℃。热电偶的绝缘体应无孔,并且具有良好的耐压性能。

2)热压罐通常使用 $16\sim32$ 个用于控制、监测和记录温度的热电偶,具体需要热电偶的数目应参照适用的工艺规范。

3)温度应在整个固化过程中连续记录。至少每 6 min 记录一次,可以多点记录。在正常的试验操作过程中,导线、接连盒以及记录仪的系统精度应在±3℃之内。

4)热压罐在加热的情况下,罐内任意两点的温度差不应超过10℃。

（3）压力控制要求。

1）在整个固化过程中应保证固化零件的真空袋内压力和正压得到监控。

2）真空袋内压力在－0.09～0.2 MPa 范围内的精度要求如下：

－0.09～0 MPa：±0.005 MPa；

0～0.2 MPa：±0.007 MPa。

3）在整个固化过程中，需要使用一个或者两个压力记录仪器连续记录热压罐内压力，其记录精度要求如下：

0～0.69 MPa：±0.014 MPa；

0.69 MPa 以上为整个读数的 2%。

压力刻度值每格不应超过 0.035 MPa。

4）热压罐内的袋内真空压力系统应保持气密、无渗漏，并且有单独接通大气的管路。

（4）安全控制要求。

1）热压罐内应安装有照明灯及红色应急开门手柄，以保证被误关入罐内人员的安全。

2）罐门与加压机构应有互锁装置。罐门未关闭锁紧时，罐内加不上正压，而罐内压力未降至零时，罐门将无法打开。

（5）时间记录要求。

在整个固化周期中，升温、恒温以及降温时间都应监控和记录。记录的精度应在实际固化时间的 ±2% 之内。

（6）温度-压力曲线。

温度-压力曲线上应标注热压罐、烘箱编号，固化炉批号，零件图号，路线卡片号及对应的热电偶编号和真空管路编号等。

四、胶接夹具

1.胶接夹具的用途

胶接夹具用于金属胶接时，参与胶接的各个零件之间的定位及胶接固化成型。

2.胶接夹具要求

（1）胶接夹具应根据制件的复杂程度、结构状况、装配要求、产品表面质量及生产批量的大小选用合适的材料进行制造。

（2）因加温、加压和抽真空固化的需要，胶接夹具应保证气密性，且应具有良好的热态刚度、传热效果和温度均匀性，并留有足够的制袋余量。

（3）胶接夹具必须考虑原材料的热膨胀系数，保证工装与制件之间有尽可能小的膨胀差异。

（4）胶接夹具和零件之间应相互协调，保证在所有的胶接面上形成的胶层处于规定的限度内。

（5）金属蜂窝及各组件在胶接夹具上的固定，应保证在升温和降温过程中能自由地伸长和缩短，不得有所限制。

（6）对于形状复杂或精度要求高的零件，其胶接夹具应采用数模一体化和数控机床加工。

（7）胶接夹具应符合工装图纸要求，应具有制造合格证，并进行渗漏检查和热分布测试。

第六节　胶接质量检测与控制

一、胶接质量检测

胶接质量检测主要是胶接件的无损检测及随炉试板的力学性能检测。每个金属胶接件都必须通过无损检测,合格后方可装机使用。

1. 金属胶接件的无损检测

金属胶接件的无损检测通常选用适用的无损探伤仪器检验胶接内部质量。根据产品结构情况采用适合的检测方法检查,无损检测通常有敲击法、超声法、声阻仪、涡流仪、福克仪等。

(1)敲击检查。

1)将制件用两点或者三点支撑,悬空放置,或者放置于专用夹具上。使用专用敲击锤检查零件。

2)连续敲击胶接区域。胶层连续且没有空腔的部分敲击时声音清脆,有空腔或者有夹杂的部位声音沉闷。

3)连续敲击时,声音变化意味着发生下列 3 种情况:

a. 胶层厚度有变化;

b. 组件结构形式(尺寸、装配状况等)有变化;

c. 胶层内有杂质或者空腔。

(2)超声波检测。

金属胶接结构件的超声波检测需要使用专门的胶接结构检测声阻仪和胶接检测仪器来检测金属胶接结构的内部胶接质量。

1)声阻仪的测试原理。发射换能器将低频声能脉冲波束重复施加到待检构件上。在材料内传播的能量是由同一探头组合件内的同样的换能器接受的。探头在结构件表面扫查时,连续测量这些传播振动的振幅或者相位差。受检结构上表现出已经测量过的标定缺陷相等同的传声变化的区域,有表头数值偏移、声信号,以及探头上的灯光指示出来。该仪器适用于检查胶接叠层材料(木头、塑料、橡胶),蜂窝结构,泡沫塑料,混凝土等材料的分层、气泡和不均匀性。

2)胶接检测仪器(SONIC BONDMASTER)。该仪器是一种小的、轻便的、数字控制的胶接检测仪器。它可以检测的结构包括金属、KERLAR 纤维、碳纤维、硼纤维、玻璃纤维等。也可检测金属或 NOMEX 蜂窝芯与面板材料的胶接。使用该仪器可采用 4 种检测方法进行检验。

a. 谐振检测方法。超声谐振探头放在涂有耦合剂的样件上,并且以它的谐振频率激励探头。分析传感器电阻抗的变换量来检测出脱粘。

b. 吸发扫频检测方法。吸发扫频检测方法使用双晶片、点接触、非耦合剂的低频超声波探头。一个晶片将声波发射入被检件,另一晶片接收在探头两触头之间的试件以板波模式传播的声波,处理返回的信号,并检测出声程上良好区与较差区效应的差异。

c. 吸发脉冲检测方法。吸发脉冲检测方法使用双晶片、点接触、非耦合剂的低频超声波探头。一个晶片将一个个骤发声波发射入被检测件,另一晶片接收在探头两触头之间的试件中的声波。以此检测出路程上良好区域与较差区域声波振幅/相位的差异。

d.机械阻抗检测方法。机械阻抗检测方法使用单触头的双晶片超声波探头。一个晶片发射可闻声波,另一晶片检测出试件胶接变化引起探头负载变化的结果。在设置期间,保持频率在 2.5~10 kHz 进行扫描以确定检测频率。

当胶接构件存在空穴、气泡、脱胶分层、疏松、弱胶层等内部缺陷,且超过技术文件规定的要求时,应予拒收。对于允许修补的缺陷,应在修补后重新进行无损检验。

2.随炉试板的力学性能检测

1)随炉试板是指与构件的材料、工艺过程相同,并在同炉固化成形的一种试板,用以评定构件质量,对工艺过程进行监控。

2)金属胶接的随炉试板与胶接零件同步生产,通常的力学性能试验项目如表 2.1 所示,具体的试验项目及验收标准以胶接件的检验及验收要求为依据。对于板-板胶接生产,测试项目如表 2.1 中的 1,2 项,对于板-芯胶接生产,需要完成表 2.1 中所有测试项目。

表 2.1　随炉试板的力学性能测试项目

序号	试验项目	试样数量	测试方法	检验标准
1	搭接剪切	5	HB 5164	按相应的设计验收要求
2	板-板 90°剥离	5	GJB 446	同上
3	滚筒剥离	3	GJB 130.7	同上
4	平面拉伸	5	GJB 130.4	同上

二、胶接生产质量控制

胶接件的生产环节众多,易受人为因素影响,产品胶接质量不稳定。因此,必须针对胶接生产的特点,对生产过程的各个环节,制定严格的质量控制要求,加强全面质量控制。胶接生产质量控制要求如下:

1.人员的要求

从事胶接的工人和检验人员应按要求通过培训和鉴定,经过考核合格的人员,须持有岗位资格证方可上岗操作。

(1)在生产过程中,严格执行工艺文件,执行工序检验和首件三检制度,遵守工艺纪律,做好产品原始记录。对在生产过程中出现的质量问题,不弄虚作假,及时向工(组)长反映,避免重复问题发生。

(2)坚持文明生产,做好经常性的整理、整顿、清扫和定置管理。

(3)积极参加工段(班组)的质量预防和质量改进活动。

(4)操作工应严格按相应的工艺规程、FO、图样要求喷涂底胶,装配零件及铺贴胶膜。在操作过程中,认真填写"胶膜使用记录卡""底胶使用记录卡"和"胶接件质量控制记录",并对其工作质量负责。

2.材料的要求

金属胶接生产中不论是胶粘剂、胶膜还是工艺辅助材料,都有明确的贮存管理要求。特别是对胶膜的贮存条件和贮存期有着严格的规定,超期和不合格的材料禁止使用。

（1）胶膜的贮存。

1）胶膜必须是工程图样或工程文件规定的并经检验合格的材料。

2）应在密封防潮袋中存放未使用的或已部分使用及预切割配套的胶膜卷料,在铺贴前不得揭去原来的背衬材料。配套的胶膜不允许折叠,可以平放或卷起来贮存。胶膜应记录冷藏及非冷藏的累积时间,同时袋中须附有标签,该标签上应标明材料的牌号、生产厂的名称、批号、卷号、生产日期等。

3）从低温库中取出的胶膜应保存在密封的防潮袋中,直到包装袋外面不再有冷凝水才可启封使用。

4）每种胶膜的贮存期(冷藏及非冷藏的时间)和复验要求等按相应材料规范或说明进行。

（2）蜂窝芯和已预固化的蜂窝芯组件的贮存。

1）要以不引起损伤或避免水、油脂、污物或其他有害于胶接的外来材料污染的方法贮存和包装蜂窝芯。

2）一旦芯子或芯子组件已经切割到净尺寸,应按图样规定做标识。

（3）其他材料。如果工程图样规定使用其他材料,则材料的贮存及复验均应按材料规范或说明的要求执行。

（4）工艺材料的贮存。工艺材料按供应商的要求说明贮存,贮存中应避免污染和其他损伤。

3.工艺过程的要求

胶接工艺过程的质量控制见表2.2。

表 2.2　胶接工艺过程的质量控制

胶接工序	质量控制内容及要求
胶接 零件预装配	1.所有工艺装备和待预装配的零件应有合格证或质量证明。 2.工艺装备的零件位置线应清晰准确,检查配合间隙,超差时允许局部修配,但不准随意修改模具与工艺装备。 3.预装配时应特别防止零件变形或损坏
胶接 表面处理	1.所用表面处理生产线应经过鉴定合格。 2.表面处理槽液的配制、调整与维护应按相应工艺标准的规定进行。 3.表面处理的工艺方法及参数应严格按照相应工艺标准进行。 4.胶接零件的随炉试片应与产品零件同时经过所有的处理步骤。 5.表面处理后的零件,按相应规定妥善运送和保存,在涂底胶或胶粘剂前避免污染
喷涂底胶	1.对不同材质的零件,表面处理后按规定的时间喷涂底胶。 2.喷涂底胶前应充分搅拌,不得有明显沉淀物。 3.底胶厚度应用仪器测定,也可用比色法测定,应符合相应的技术文件规定。 4.底胶的烘干或固化应有完整的记录。 5.已经喷涂底胶的零件严禁再进行不利于后续胶接的补充加工。 6.完成喷涂底胶的零件应尽快组装固化,否则按规定封存

续 表

胶接工序	质量控制内容及要求
涂胶或铺贴胶膜	1. 按零件的工艺要求涂胶或贴胶膜,胶膜允许拼接,缝隙或搭接宽度应符合工艺规定,胶膜铺贴后需用辊压、针刺等方法排除气泡,对于大面积胶接特别应注意将气泡排除干净。 2. 胶膜允许采用热贴法,应严格控制加热温度,防止将胶膜拉薄或凝胶。 3. 应杜绝把隔离膜夹入胶接缝。 4. 工作完毕后应彻底擦拭与胶粘剂接触过的工具及工作台,保持清洁
组装及固化	1. 固化模具工作表面应保证清洁无杂物,脱模剂涂敷正确。 2. 胶接件的组装应与预装配状态相符,隔离层、透气及吸胶织物等辅助材料的种类及用量应与首件鉴定合格时的状态一致,注意排气及溢胶通道的畅通。 3. 按相应的工艺规定放置、连接真空嘴及热电偶。 4. 胶接件组装完成并制备真空袋后,应进行泄漏检查,保证气密性良好。 5. 胶接件的固化必须在规定的工序时间间隔内完成。 6. 固化工艺参数应符合相应工艺规程的要求,并应与首件鉴定合格时一致。 7. 至少每隔 20～30 min 检查一次真空袋的密封情况。 8. 在多步法胶接中,要避免对后续的胶接表面造成污染,也应避免对已经固化的零件产生损害影响

4. 环境控制要求

(1)控制污染区。金属胶接生产中胶膜的切割、配套和铺贴等胶接操作必须在控制污染区进行,以保证胶接界面及胶粘剂不受环境污染。控制污染区又称清洁间或净化间,该区域主要控制温度、相对湿度、空气清洁度,并保持室内有正压力差。

1)温、湿度要求。控制污染区温度应控制在 18～30℃;相对湿度不大于 65%。温、湿度必须进行 24h 连续记录和打印。

2)正压要求。控制污染区内部相对于外部应有 10～40Pa 的正压力差。

3)粉尘数量要求。对进入控制污染区的空气应进行三级过滤,保证控制污染区内 10 μm 和大于 10 μm 的粉尘数量不多于 4 个/L。用设置在控制污染区内尘埃粒子计数器进行粉尘统计,控制污染区的粉尘数量应每天进行检测(电脑自动显示),每周检查并记录一次。

4)压缩空气的要求。压缩空气源应通过油水分离器进行过滤,去除油、水、粉尘或其他污染物。

5)清洁要求。控制污染区允许的清洁方法有水拖洗、擦洗、溶剂清洗和真空吸尘等。

6)人员进出控制要求。人员应从风淋室进出控制污染区。进入风淋室前,应穿戴个人保护装备;在风淋结束后方可走出风淋室,进入控制污染区。

7)允许在控制污染区内实施的操作如下:

a. 真空袋制备。

b. 渗漏检查。

c. 胶膜的晾置调温、下料(剪裁)、切割、铺贴、工艺组合、装配和固化准备。

d. 芯子的胶接和灌封。

e.底胶厚度检验。

f.组装金属胶接件时要求在使用胶膜之前对零件实施预装配,允许在控制污染区内修整金属零件,使组件符合图样要求。典型的操作是用铁皮剪和锉刀修整金属零件;用砂磨块降低芯子厚度。不应在组件上修整、砂磨,应远离组件,典型的操作是在废料容器上面修整、砂磨。如果在厚零件(厚度≥2 mm)上修整,则边缘应用阿洛丁处理。打磨时应远离那些没有覆盖的预浸料或未固化的胶膜至少15 m,打磨的粉尘应抽真空除去。

8)控制污染区内禁止的行为,其具体如下:

a.禁止混合交叉作业(金属胶接操作和复合材料操作的混合交叉)。

b.禁止吃(包括咀嚼口香糖和烟草)或喝东西、吸烟,在控制污染区外面张贴相应的禁止吃喝和吸烟的标志。

c.禁止使用蜡、滑石粉、手膏、液体脱模剂、导电涂层和含未固化硅树脂的化合物及任何其他对胶接不利的材料。

d.禁止使用未经批准的清洗溶液和清洗程序。

e.禁止运转内燃机。

f.禁止在控制污染区里进行能产生大量粉尘的操作,如机加、打磨、钻孔、砂磨、铣切。

(2)底胶喷涂间。

1)底胶喷涂间是胶接专用区,设置在控制污染区内,并与控制污染区和表面处理间隔离封闭,除进出外,门始终关闭。其地板要求、照明要求、正压要求和压缩空气要求等同控制污染区要求一致。

2)排风要求。建议采用上部送风、地沟排风或侧面排风的形式。侧面排风时可设置水帘吸附装置;地沟排风时,地沟中应设置水吸附装置。

5.设备控制要求

烘箱、热压罐等设备均应定期校验并处于合格有效状态,所有温度、压力、真空等仪器仪表也应定期校验并处于合格有效状态。

6.维护控制要求

(1)所有施工用的工具、工装、工作台等在使用前后均应清理干净。当清除工装上的胶液斑痕时,不得划伤工装的工作面。

(2)定期检查所使用的设备、电源和电气系统,经常清除尘埃、污染物及胶斑。

7.质量控制要求

质量控制贯穿于整个胶接生产的全过程,除制造过程的各工序检验、完工产品检验外,还应进行专门的无损检测及性能测试等。

安全小提示

1.热压罐为压力容器,罐门关闭前必须仔细检查,确保罐内无人方可关门,开罐门前必须仔细检查罐内无余压后方可开门。

2.非热压罐操作者严禁乱动热压罐设备上的各类按钮、开关和阀门。热压罐工作区严禁有易燃、易爆物品。

3.严格按规范操作热压罐,发现问题和故障,及时找有关人员解决,严禁设备带故障运行。

4. 烘箱必须绝缘良好、接地可靠,开启烘箱门时,必须停风机及加热系统。

5. 烘箱周围 10 m 内不准放置易燃、易爆物品。用汽油、丙酮、酒精等易燃液体清洗过的零件应放置 15～30 min,将易燃物挥发后方可进入烘箱。

6. 工作时,注意烘箱吊门安全,工作后应关闭电源打扫卫生。

7. 阳极化操作工必须严格执行"五不准":①不准站在槽沿上操作;②不准一人同时操作多台设备;③不准超标排放;④不准把槽液挪作他用;⑤不准在现场堆放易燃易爆及有毒材料。

阳极化操作工"五必须":①工作前必须打开抽、送风装置和有关电器设备;②工作后必须关闭所有风机、电器和风、水、汽阀门;③工作现场的有机溶剂和其他物品必须放置在规定的地点;④工装夹具必须摆放整齐,保持信道畅通;⑤集体操作必须有专人指挥,统一协调。

当进入冰箱中存储或搬运胶膜等低温材料时,必须穿好专用防寒服,防止冻伤。

思 考 题

1. 金属胶接有哪些优点和缺点?

2. 常用的结构胶粘剂有哪些种类?各自有什么用途?

3. 以板-芯胶接结构为例,简述金属胶接的工艺流程。

4. 简述蜂窝芯的加工方法。

5. 当在被胶接的零件上铺贴胶膜时,应遵循哪些原则?

6. 磷酸阳极氧化一般有哪些操作要求和程序?简述磷酸阳极氧化的工艺流程。

7. 胶接夹具有哪些技术要求?

8. 请从人、机、料、法、环等几方面来简述胶接生产的质量控制要求。

第三章　复合材料结构与制造

第一节　概　述

复合材料是由两种或两种以上性质不同而互补的材料所组成的并被赋予新特性的材料结构。它具有比组成材料更优越的综合性能。在复合材料中,所有组成材料相互依赖,处于不可分割的状态,同时发挥着各自的作用。复合材料在国民经济中已发挥出重大作用。

先进复合材料是指由高弹性模量纤维组成的新材料。先进复合材料在航空、航天、电子、兵器、舰艇、交通、能源等诸多领域取代了金属材料成为一种不可缺少的特种工程材料。先进复合材料具有质量小、比强度高、比刚度高、可设计性强、抗疲劳断裂性能好、耐腐蚀性好、尺寸稳定性好,以及便于大面积整体成形等独特优点,采用特殊的增强相和基体,还具有特殊的电磁性能和吸波隐身作用,体现了结构/功能一体化的特点。

近年来,先进复合材料在航空航天领域的应用日益广泛,继铝、钢、钛之后,已迅速发展成四大航空航天结构材料之一。波音人强调,要想"领跑"飞机设计技术,就要大幅度减轻结构质量,大量采用复合材料,提高燃油效率(20%),称复合材料为"航空航天结构的未来"。

一、复合材料的概念

1.概念

复合材料是由两种或两种以上不同材料通过某种方式结合而成的新材料,其中各组份材料仍保持原有的特性,但组成的新材料的性能优于各单组份材料。

2.对复合材料概念的理解

(1)由两种或两种以上组份组成的新材料。

(2)各组份之间有明显的界线。

(3)各组份材料基本上仍保持其固有的物理和化学性能。

(4)组成的新材料的性能优于各单组份材料。

例如,麦草增强的泥砖——草＋泥;钢筋混凝土——钢筋＋水泥;复合地板——木材＋树脂。

3.分类

根据基体和增强材料的不同,可将复合材料分为树脂基(聚合物基)、金属基、陶瓷基、玻璃基、碳基等复合材料;根据使用的目的不同,可将复合材料分为结构复合材料和功能复合材料;根据性能高低,可将复合材料分为先进复合材料和常用复合材料。

二、先进复合材料的特点

1.比强度高、比模量高

复合材料的突出特点是比强度及比模量(强度与密度之比及模量与密度之比)高,从表3.1可以看出,高模量碳纤维/环氧复合材料的比强度为钢的5倍,为铝合金的4倍。因此,复合材料制件在强度和刚度相同的情况下,结构质量可以大为减轻。几种结构材料的力学性能对比如表3.1所示。

表3.1 几种结构材料的力学性能对比

材料	密度 g/cm³	拉伸强度 GPa	拉伸模量 10^2 GPa	比强度 GPa	比模量 10^2 GPa
钢	7.8	1.03	2.1	0.13	0.27
铝	2.8	0.47	0.75	0.17	0.26
钛	4.5	0.96	1.14	0.21	0.25
玻璃纤维复合材料	2.0	1.06	0.4	0.53	0.20
高强碳纤维/环氧树脂	1.45	1.5	1.4	1.03	0.97
高模碳纤维/环氧树脂	1.6	1.07	2.4	0.67	1.5
有机纤维/环氧树脂	1.4	1.4	0.8	1.0	0.57
硼纤维/环氧树脂	2.1	1.38	2.1	0.66	1.0
硼纤维/铝	2.65	1.0	2.0	0.38	0.5

2.耐疲劳性能好

金属材料的疲劳破坏是没有明显预兆的突发性破坏,而树脂基复合材料中纤维与基体的界面能阻止裂纹的扩展,因此,耐疲劳性能好。其疲劳破坏总是从纤维的薄弱环节开始,逐渐扩展到结合面上,破坏前有明显预兆。此外,纤维复合材料还显示出结构的良好破损安全性,即使过载造成少量纤维断裂,其载荷也会迅速分布到未破坏的纤维上,这样在短期内不会使整个构件丧失承载能力。

3.各向异性及可设计性

复合材料的另一大特点是各向异性,且是非均质的,与之相关的是性能的可设计性。复合材料的力学、物理性能除了由纤维和树脂的种类及体积分数而定外,还与纤维的排列方向、铺层顺序、层数和密度相关。因此,可根据工程结构载荷分布及使用条件的不同,选取相应的材料及铺层设计来满足既定的要求。复合材料的这一特点可以实现制件的优化设计,做到安全可靠、经济合理,获得最佳的结构效率。

4.材料与结构的统一性,易于大面积整体成型

在制造复合材料的同时,也能获得制件。复合材料成型工艺的最大特点是容易成型任意型面的零件,能成型整体式的结构。复合材料的这一特点使部件中的零件数目、紧固件及接头数量明显减少,有利于提高工效、降低生产成本,提高结构的承载能力。

5.减振性好

复合材料的纤维与基体的界面有吸收振动能量的能力,因此,复合材料的振动阻尼很高。

6.耐高温烧蚀性好

树脂基复合材料的组份有较高的比热、烧蚀热、绝热指数以及较低的热传导率。在高温下,它们能吸收大量的热,而在其内部保持较低的温度,因此,常用树脂基复合材料作载入大气层的飞行器的耐烧蚀材料。

7.赋予了许多新功能

复合材料组成的多样化与设计的随意性赋予了复合材料除具有力学性能之外的许多新功能,还使复合材料具有吸波、导电、半导、发热、耐热、记忆、阻尼、摩擦、吸声、阻燃、透析、隔热、磁阻、透光等功能,还赋予了先进复合材料新的内涵,开拓了它在生物、能源、环保、测量、机械、建筑、军事工业中的新的应用领域。

8.缺点

树脂基复合材料的抗冲击性能低,横向强度和层间剪切强度不够高,材料性能分散性大,工艺质量不够稳定,长期耐高温及耐老化性能不好。另外,价格过高也是制约复合材料应用推广的重要因素。当然,复合材料的抗冲击性能问题,通过改进树脂基体的韧性和改进复合材料工艺等措施,已经得到了较好的解决,出现了一批高韧性复合材料。

三、复合材料的应用与发展

复合材料有三大应用领域:航空航天、体育休闲用品及工业应用等。其中,航空航天应用占18%,如军机、民机、直升机、无人机、导弹、火箭、卫星、宇宙飞船、兵工、舰船、电子、陆军等;体育休闲用品占37%,如高尔夫球拍、网球拍、羽毛球拍、钓鱼竿、自行车、赛艇、赛车、弓箭、滑雪板、杆等;工业应用领域占45%,如基础设施领域、沿海油气田、汽车领域、风力发电、防弹产品等。

1.先进复合材料在军机上的应用

先进复合材料在飞机结构上的应用大致分为3个阶段,30多年来走过了一条由小到大、由弱到强、由少到多、由结构到功能的发展道路。其3个阶段具体如下:

(1)第一阶段。先进复合材料用于舱门、口盖、整流罩以及襟、副翼、方向舵等操纵面上,受力较小、规模较小,于20世纪60年代末至70年代初完成。

(2)第二阶段。先进复合材料用于垂尾、平尾等受力较大、规模较大的尾翼一级部件,自20世纪70年代初始,至今仍在延续,此时复合材料用量一般不超过结构总质量的5%。

(3)第三阶段(代表了近况)。先进复合材料用于机翼、机身等主要受力结构上,受力很大,规模也很大。自20世纪80年代初至今,世界各国较新研制的性能先进的军机机翼一级部件已几乎无一例外地都用到了复合材料,机身也不同程度地采用了复合材料。目前,军机上复合材料用量占结构总质量的20%～50%。最具代表性的是欧洲的大型军用运输机A400M,复合材料为35%～40%,A400M的复合材料的机翼翼盒已于2006年装配下线,长为23 m,宽为4 m,重达3 t,为空客迄今为止最大的复合材料制件。

2.先进复合材料在民机上的应用

民机既强调安全性、经济性,也强调先进性,继军机之后亦早于20世纪70年代初就开始了应用先进复合材料的进程。

(1)大型民机。大型民机又称商用干线客机,在先进复合材料问世之初的20世纪70年代就开始了其研究应用,以美国而言大致可分为4个阶段:

第一阶段:受力很小的构件,例如前缘、口盖、整流罩、扰流板等,该阶段约于 20 世纪 70 年代中期结束。

第二阶段:受力较小的部件,例如升降舵、方向舵、襟副翼等。1975 年,美国的 NASA 开始执行 ACEE 计划(飞机节能计划),即减重、节油、增加商载等。该阶段于 20 世纪 80 年代初结束。

第三阶段:受力较大的部件,例如平尾、垂尾。仍在 ACEE 计划下执行,该阶段约于 1985 年前后完成。

第四阶段:在生产型飞机上正式设计应用,例如 B757,B767,B737,B747 等。B777 共用复合材料 9.9 t,占结构总质量的 11%。波音的"音速巡航者"(Sonic Cruiser)拟用复合材料 60%。目前,A380 客机复合材料用量 20% 左右,B787 飞机上复合材料用量 50% 以上,空客 A350 飞机复合材料用量达到 52%,甚至超过 B787 的水平。

(2)支线客机、公务机。中等商用运输机称支线客机,与干线客机一样也开始大量应用先进复合材料,典型的如法、意合作研制的 ATR—42,机翼、尾翼等处共用 10% 左右的复合材料,其改型 ATR72 采用了复合材料机翼,用量达 20% 左右,这是客机上的第一个复合材料机翼。

公务机一般载客 6~25 人,介于轻型飞机与支线客机之间,但性能要求很高,其应用复合材料较多。典型的如 JETCRUZER500 型公务机机身,Premier I 机身等。

(3)轻型飞机、通用航空。小型民机又称轻型飞机,一般乘员不超过 9 人,该类飞机用复合材料量最大,有许多全复合材料飞机(90% 以上),如 Lear Fan2100,AVTEK400,Lancair320,Starship 1,Voyager 等,其中,Starship 1(星舟 1 号)是第一个获得 FAA 合格证的全复合材料飞机;Voyager(旅游者号)于 1986 年创下了不加油、不着陆连续环球飞行 9 d,40 252 km 的世界纪录。

通用航空是指除军用航空和民用运输航空以外,为国民经济各行各业服务的所有航空活动的总称,该领域多与轻型飞机相关,在我国具有较大的发展空间。

(4)直升机。直升机包括军用直升机、民用直升机和轻型直升机。在各种直升机上,先进复合材料的用量均较大,超过军机、民机的用量。

美国有 ACAP(Advanced Composite Application Plan)计划。在此计划下研制的 H360,S—75,BK—117,V—22 等均大量应用了复合材料。典型的 V—22,可垂直起落、倾转旋翼后又能高速巡航,用复合材料 3 000 kg,占结构总质量的 50% 左右;RAH66(50%);欧洲的 Tigre 虎式武装直升机,其复合材料用量高达 80%。

(5)无人机。各种无人机,包括无人侦察机和无人作战飞机(Uninhabited Combat Aerial Vehicle,UCAV),作为一种新型航空作战武器是当前发展研究的一个热点。

无人机具有低成本、轻结构、高机动、大过载、长航程、高隐身、低使用寿命、长储存寿命的鲜明技术特点。这些特点决定了其对减重有迫切的需求,从而对复合材料有迫切的需求。故各种无人机上复合材料的用量较有人机的要大,一般在 50%~80% 之间,有的甚至是全复合材料飞机。

3. 国内复合材料应用情况简介

国内复合材料结构在一些军机型号的部件上取得了一定的经验。30 多年来生产制造了多种型号的飞机复合材料构件,主要有前机身、垂尾、平尾、鸭翼、带整体油箱的机翼上、下壁板等,全机结构复合材料的用量最高达到 9.6%。总体来说,国内民机复合材料的用量不高,用量不到 10%。目前在研的大客飞机复合材料用量拟达到 15% 以上。

国内 30 多年的研究发展已有了一定的规模和水平。主机生产厂均已建设了生产线,完成了相应的技术改造,研究院所也有了较大发展,设备有了较大改造;国内从材料、设计到加工工艺有了一支配套的研发队伍,各重点高校均有一定研究力量,培养了大量人才,军民用复合材料研究应用受到了一定重视。但与国外相比,国内在应用的规模与水平、材料的基础和配套、制造工艺和设备、设计方法和手段上还有较大的差距,有待进一步提高。

4.复合材料的发展

(1)向自动化制造技术发展。随着自动化设备和自动化技术引入复合材料加工行业,复合材料制造质量上了一个新台阶。预浸料的下料、定位/铺贴以及制件的切割、制孔等操作工艺稳定性明显提高。

(2)向先进复合材料制造技术发展。复合材料已从常规的湿法成型玻璃钢向高温、高压固化的高强高模碳纤维、芳纶纤维复合材料发展。手工湿法裱糊玻璃钢工艺已很落后,存在毒性大、力学性能低、产品质量受人为因素影响大、严重污染环境等缺点。其将随着复合材料原材料和制造技术的发展逐渐被淘汰,国外目前已基本不使用此种材料和工艺。

(3)向结构复杂化、尺寸大型化发展。随着复合材料制造技术的提高和复合材料设计水平的提高,整体式复合材料主承力构件愈来愈多,尺寸也愈来愈大,例如,空客 A310 飞机全复合材料垂尾,长 8.3 m,宽 7.8 m。

(4)向低成本制造技术发展。要使高性能复合材料得到更广泛的应用,选择和发展低成本成型技术,降低高性能复合材料的加工成本是必经之路。复合材料工艺多元化是复合材料扩大应用的发展趋势,与相关工艺对应的专用设备是生产的基本手段。

(5)向数控复合材料工装制造技术延伸。由于热膨胀系数的差异,对于大尺寸、型面精度要求高的先进复合材料制件,采用普通的金属工装已满足不了使用要求,因此,复合材料工装、殷瓦合金工装应运而生。近几年,引入和推广低温固化、高温使用的复合材料工装,取得了一定的效果,外形尺寸精度问题基本得到解决,但对于碳纤维复合材料制件的问题,还须引入数控加工的复合材料标准工艺装备和碳纤维复合材料成型模,以及殷瓦合金工装的新思路,这样才能真正使复合材料工装制造技术上水平。

(6)发展复合材料修补技术。复合材料制件在制造和使用过程中,不可避免地会出现缺陷或损伤,以致影响产品的正常使用,甚至造成报废。一些发达国家已掌握了复合材料修补技术并达到实际应用,而我国尚处于研究和试制阶段。

第二节　树脂基体与增强材料

复合材料是由增强材料和树脂基体复合而成的新材料,通常将复合材料中构成连续相的组份称为基体,非连续相的组份称为增强材料。因此,复合材料的定义也可以说成是由增强材料和树脂基体复合而成的新材料。复合材料结构如图 3.1 所示。

在复合材料结构中,增强材料的作用是承力,界面的作用是传力,基体材料主要起粘接作用。

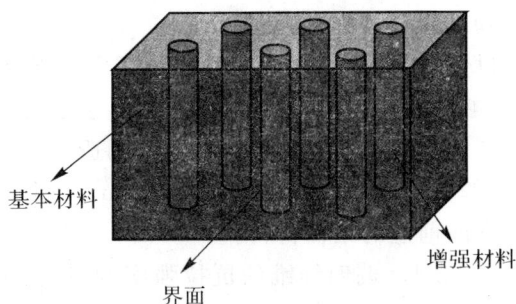

图 3.1 复合材料结构示意图

一、基体

1.基体含义

基体是复合材料中用于粘接增强材料的粘接剂。在复合材料成型过程中,基体材料经过一系列复杂的物理化学变化,把增强纤维粘接成具有一定形状的整体。

2.基体的作用

(1)力学上:粘接纤维、保护纤维、传递应力。

(2)物理上:耐热性、电性能(极性基团)等。

(3)化学上:耐溶剂性、耐水性、老化性能。

3.基体分类

(1)聚合物(树脂)基体(热塑性、热固性)。

(2)金属基体(铝基、钛基、金属间化合物)。

(3)陶瓷基体(Si_3N_4,SiC,Al_2O_3)。

(4)碳基体。

4.常用的聚合物基体

(1)传统的树脂体系:环氧树脂、酚醛树脂、聚酯树脂。

(2)新型热固性树脂体系:双马来酰亚胺、聚酰亚胺、多官能团环氧树脂。

(3)新型热塑性树脂体系:PEEK 聚醚醚酮、PPS 聚苯硫醚。

基体材料的特性直接影响着复合材料的性能,而它的工艺性则直接关系到复合材料的成型方法和工艺参数的选择。

二、增强材料(也称增强体或增强相)

(1)增强体:加入基体中能提高其力学性能的物质。

(2)增强体类型:纤维状、片状、颗粒状、晶须状、粉末状。

(3)增强形式:单向纤维预浸料、织物(2D 织物、3D 织物、针织)。

(4)增强纤维:玻璃纤维、碳纤维、硼纤维和芳纶纤维等。

常用作先进复合材料的增强材料有碳纤维和芳纶纤维。

(1)玻璃纤维:强度高(层间剪切强度高),具有良好的抗损伤性,但因刚度低(抗拉强度低、抗疲劳性差),只使用于次要结构。另外,纤维密度相对较高。

(2)碳/石墨纤维:最广泛地使用在主要结构中,强度和刚度都比较高,抗拉、抗压强度高、层间剪切强度好,纤维类型和规格多,铺贴性优良。

碳纤维增强材料是 20 世纪 60 年代研制成功的一种新型高强度、高模量材料。碳纤维一般用人造纤维(粘胶纤维、醋酸纤维或聚丙烯脂纤维)制造。它也可以用沥青纤维、木质素纤维等制造。目前,各国生产碳纤维多采用聚丙烯腈为原料来制造。

碳纤维是一种密度较小的材料,密度为 $1.5\sim2.0$ g/cm^3。用碳纤维增强的复合材料,其强度和模量均较高,是很有发展前途的结构材料。

碳纤维的抗拉强度超过一般 E-玻璃纤维的抗拉强度,其抗拉强度与高强 S 玻璃纤维的相近。碳纤维的弹性模量比玻璃纤维的高 $3\sim5$ 倍。用碳纤维和合成树脂胶粘剂制成的复合材料,其抗拉强度超过玻璃钢及铝合金的抗拉强度,与钛合金的相近。其抗拉弹性模量也大大超过玻璃钢和铝合金,并超过钛合金的拉伸弹性模量。

(3)Kevlar 纤维。与碳纤维/石墨相比,Kevlar 纤维质量小,成本低,具有特殊的抗磨性,良好的抗冲击性、化学性及抗疲劳性。但因 Kevlar 芳纶的抗压强度低,对树脂的粘接性差,因此应用受到限制。另外,Kevlar 纤维加工很困难,不能用普通刀具精加工,对刀具要求高。

Kevlar 芳纶有机纤维是美国杜邦公司开发的一种高强度、低密度的芳香族聚酰胺纤维。它是通过芳香聚酰胺液晶态进行纺丝,得到分子取向度很高的纺丝纤维。商品名为 Kevlar,有 Kevlar—29 和 Kevlar—49 两种。目前生产 Kevlar 纤维较为成功的纺丝工艺是杜邦公司的干喷湿纺法。

Kevlar 纤维分子中存在苯环结构,而且密度很大,因此,整个分子链变得非常刚直。经过液晶纺丝后,分子具有很高的定向性。在分子链方向,Kevlar 纤维是靠化学键结合的。因此,在该方向强度很高。但在分子之间,是靠很弱的分子间力结合的,因此,与之相关的抗压强度和抗扭剪性能较低。

(4)硼纤维。硼纤维具有高强度、高刚度的特点,但抗冲击性差,成本太高,加工困难,仅用于要求高强度和高刚度的部件。

(5)几种纤维的密度。$\rho_{玻璃纤维}(1.9\ \text{g/cm}^3)>\rho_{碳纤维}(1.5\ \text{g/cm}^3)>\rho_{硼纤维}(1.4\ \text{g/cm}^3)>\rho_{芳纶纤维}(1.3\ \text{g/cm}^3)$。

三、复合材料的界面

1.界面

不同组份相复合共存的系统,各组份相之间存在着的分界面称为界面。复合材料界面是在热、化学及力学等环境下形成的体系,具有极为复杂的结构。

2.复合材料的界面理论

复合材料的综合性能不仅与增强相和基体相关,更与两相间的界面有着重要的关系。界面是复合材料极为重要的微结构,它作为增强纤维与基体连接的"纽带",对复合材料的物理、化学及力学性能有着至关重要的影响。

第一,界面影响到纤维与基体之间的应力传递,从而决定复合材料的强度,尤其是偏轴向强度;第二,界面影响到复合材料损伤累积与裂纹的传播历程,从而决定复合材料的断裂韧性;第三,界面直接影响到复合材料的耐环境、介质稳定性,甚至影响到复合材料的功能性。

3.纤维增强复合材料界面

(1)与增强纤维本体性能不同的纤维表面过渡区。

(2)具有一定形貌及化学特性的纤维表面层。

(3)纤维表面吸附层。

(4)纤维表面上浆剂或涂层。

(5)与本体基体性能不同的基体表面过渡区等众多层次。

四、复合材料的分类

1. 按基体不同分类

按基体不同可将复合材料分为树脂基复合材料、金属基复合材料、陶瓷基复合材料、碳-碳复合材料。

(1)树脂基复合材料(树脂基体+增强材料)。树脂基复合材料为目前国内外使用的最广泛的复合材料,所用的基体为热固性树脂和热塑性树脂,如改性环氧、改性双马、改性氰酸酯、改性聚酰亚胺等。所用的增强材料包括碳纤维及其织物、芳纶及其织物、玻璃纤维及其织物。所用芯子材料有铝蜂窝、芳纶纸蜂窝、玻璃布蜂窝等。树脂基复合材料在航天、航空领域中起着举足轻重的作用,由于其具有高强度和高模量,以及优良的耐热性、耐烧蚀性和工艺性能等特点,它被广泛用作航天器、飞机等产品的结构材料。

树脂基复合材料与航空产品中常用的金属材料相比,其比强度高3~5倍,比模量高4~6倍,使航空结构件有很好的减重效果,使其他性能得到明显改进和提高。树脂基复合材料代替金属材料所显示出的优越性,使复合材料迅速扩大了使用范围,在地面设备中的部件也大量地采用复合材料。

树脂基复合材料可以用作航空航天飞行器的结构材料,工作温度在500℃以下,密度为1.5~1.6 g/cm³。

1)环氧树脂基复合材料:80~120℃工作环境。

2)双马来酰亚胺树脂基复合材料:180℃以下工作环境。

3)聚酰氨胺树脂基复合材料:400℃以下工作环境。

(2)金属基复合材料(金属基体+增强材料)。金属基复合材料问世至今已有30多年,耐温性能高,力学性能(特别是刚度)比一般金属的力学性能好,此外,它还具有导电性以及在高真空条件下不释放小分子的特点,克服了树脂基复合材料在航空领域中使用时存在的缺点,但是,其不仅用量很小,不足以推动发展,而且成本偏高,缺乏与金属等其他传统材料竞争的优势。

金属基复合材料工作温度在1 100℃以下,主要有以下几种类型:

1)铝基复合材料(B/Al,SiC/Al)。

2)钛基复合材料(SiC/Ti,SiO/Ti)。

3)镁基复合材料。

4)铜基复合材料。

5)SiC/Al,SiC/Ti用于航空高强承力结构。

6)C/Mg,Cu用于宇航结构材料。

(3)陶瓷基复合材料(陶瓷基体+增强材料)。陶瓷基复合材料用于高性能航空发动机和宇航器高能结构件,工作温度为1 650℃以下。

1)C/SiC密度为1.8~2.1 g/cm³。

2）SiC/SiC 密度为 2.4～2.6 g/cm³。

（4）碳/碳复合材料（碳基体＋增强材料）。碳/碳复合材料用于导弹、航天飞机热结构及热防护结构件，工作温度为 1 800～2 000℃。

1）密度：1.9 g/cm³。

2）推比 10：1 580～1 715℃。

3）推比 15～20：1 980～2 080℃发动机热端部件结构材料。

2. 按增强材料不同分类

按增强材料不同可将复合材料分为玻璃纤维复合材料、碳纤维复合材料、硼纤维复合材料和芳纶纤维复合材料等。

3. 按使用的目的不同分类

按使用的目的不同，可将复合材料分为结构复合材料、功能复合材料。

4. 按性能分类

按性能高低可将复合材料分为先进复合材料和常用复合材料。

5. 按结构分类

按结构将复合材料分为层压结构和夹层结构复合材料。

6. 按成型工艺分类

按成型工艺不同可分为手糊湿法成型、预浸料干法成型、液体成型（RTM，RFI，VARI，Z-Pin 技术等）等。

第三节　复合材料的成型工艺方法及特点

一、复合材料的成型工艺特点

复合材料是在形成制件的过程中成为材料的。或者说，复合材料的成型过程也是制件的制造过程。因此，成型工艺对材料性能和制件质量的影响，就成为直接而重要的因素之一。复合材料的原材料是多样性的，因此，成型方法也多种多样。

二、复合材料的成型工艺方法及特点

1. 手糊成型

手糊成型法是在模胎上铺覆增强材料，用手工方法涂刷基体树脂，并铺层至规定厚度，然后固化的一种成型方法。

手糊成型的特点是常温、常压下固化成型。容易用加强筋等方法加强制件，设备投资少、模具费用低、制件强度低、性能分散性大、生产效率低、劳动强度大、条件差，适合受力小和生产数量少的产品。

2. 袋压成型法

袋压成型法是通过柔韧袋（如橡胶袋、尼龙袋等）在袋中产生均匀真空，以热压罐内充入的气压或压机压力使置于刚/硬模具上（或模具内）的材料压实成型的一种方法。

袋压成型法的特点是制品较致密，强度较高，一般采用加热固化。该方法制造周期较短、设备费用较低、操作较复杂、环境条件较差，适用于性能和尺寸精度不太高的零部件、夹层结构件等。

3．热压罐成型法

热压罐成型法是在热压罐中利用电、蒸气或其他介质加热、加压固化的一种袋压成形方法。

其特点是制件的纤维含量控制较精确,孔隙率低、强度高、制件表面平整、光洁,固化周期短,操作复杂,制件质量因操作人员不同而有差异;设备造价高、能耗大。该工艺适用于性能要求高的各种薄壁结构件、薄壁加筋结构件、夹层结构件制造。

4．模压成型法

复合材料的模压成型工艺是将一定量的模压料在金属制作的模腔内,在一定的温度和压力下压制成制品的一种成型工艺方法。它属于加压成型方法之一,主要用于异型制品的成型。它在各种成型方法中占有重要地位,近年来受到普遍重视,也得到较快的发展。

模压成型工艺的主要特点是,模压料在压力作用下充模的过程中,不仅树脂流动,而且增强材料也随树脂流动,使树脂和纤维同时充满模腔的各个部位。若模压料中纤维含量较大,所用纤维又较长,纤维的流动将很困难。只有当树脂粘度足够大,粘性又很强,与纤维紧密的粘接在一起的情况下,才能产生树脂与纤维的同时流动。这一特点决定了模压成型工艺所用的成型压力比其他工艺方法要高,因此也带来了模压成型工艺的复杂性。

模压成型工艺分为压制前的准备和压制成制品两个阶段。

模压成型工艺的特点是制件表面光洁、质地致密、尺寸精确、零件互换性好;强度高,性能分散性小;生产效率高、环境污染小、设备投资大、模具造价高;适用于中小型大批量的零件制造。

5．压注成型法

压注成型法的特点是制件表面光洁、尺寸精度高、纤维含量易于控制、制件孔隙率低、性能分散性小、环境污染小;生产周期长、模具制造难、造价高;适用于制造形状尺寸精度要求高的零件。

6．缠绕成型法

将连续纤维经过浸胶后,按照一定规律缠绕到芯模上,然后在加热或常温下固化,制成一定形状制品的工艺方法叫做纤维缠绕成型工艺。国外已将其广泛用于飞机进气道、机身筒体、直升机旋翼、起落架、水平安定面、尾梁、斜梁、发动机短舱、外涵道和风扇机匣等。

根据缠绕时树脂基体所处的化学物理状态的不同,缠绕成型法可分为干法、湿法和半干法3种。

(1)干法。在纤维往芯模上缠绕前由专门设备制成预浸渍带,卷在特制的卷盘上。使用时使预浸带软化,缠绕到芯模上。干法缠绕的制品质量较稳定,能严格控制纱带的含胶量和纱带的尺寸,可以得到高质量的制品。

(2)湿法。湿法缠绕是将纤维集束,浸胶后在张力控制下直接缠绕到芯模上,然后固化成型的工艺方法。此法所需设备简单,对原材料要求不严,比较经济。由于纱带浸胶后马上缠绕,对纱带的质量不易控制,生产条件比较差,在缠绕过程中对胶辊等转动部分要不断清理,否则纤维在辊上粘接,影响缠绕过程进行。

(3)半干法。这种工艺与湿法比较,增加了烘干工序;与干法相比,缩短了烘干时间,降低了胶带的烘干程度,使缠绕过程可以在室温下进行。通过这种工艺,既除去了溶剂,又提高了缠绕速度;既减少了设备,又提高了产品质量。

缠绕成型的特点是纤维分布方向及数量的可设计性好,可以制造纤维含量高、强度高的制件,制件内部应力集中小,生产效率高,受制件结构形状的制约,设备投资大,适用于回转体制件的制造。

7.挤拉成型法

挤拉成型是一种自动化连续生产纤维增强复合材料的工艺方法,它是将连续的增强纤维进行浸渍后,牵引经过成形模具,在模具内固化成形为规定形状,脱模后成为最终制品的加工方法。

挤拉成型法的特点是制件表面光滑,形状尺寸精确,可以制造单向高强度的制件;连续生产效率高、质量稳定、环境污染小、设备较贵。它适用于制造各种截面形状的型材。

8.热膨胀模成型法

热膨胀模成型法的特点是制件表面平整光滑、形状尺寸精确、制件孔隙率低、性能分散性小、设备简单、造价低、能耗小;刚体阳模要求高,芯模设计难度大,毛坯组合要求严格。它适用于蒙皮与梁、肋的共固化成形。

9.液体成型(RTM,RFI,VARI,Z-Pin 技术等)

(1)液体成型概述。在正压和负压下,树脂克服预制件织物的阻力,排除织物间的空气,浸润纤维并实现致密化,加温固化成形产品。

1)树脂粘度(温度)+压力。

2)工艺仿真与优化设计一个流动模型。

3)确定树脂的注入位置、数量、路径、排气孔。

(2)复合材料构件缝合预制体制备技术。复合材料缝合是将干态纤维织物按照一定的铺层顺序铺叠好,然后用特制的针织线在垂直于铺层平面的方向(Z 向)上,按照一定的缝合工艺参数,将多个取向层用缝线联结为一个整体,形成预型件,最后采用 RTM,RFI 或 VARI 工艺方法成型。几种缝合方式如图 3.2~图 3.5 所示。

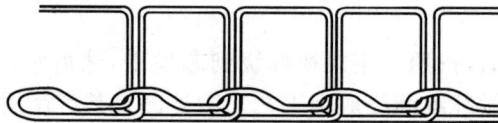

图 3.2 链式缝合方式

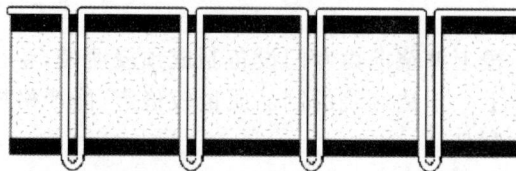

图 3.3 Tufting 缝合方式

图 3.4 锁式缝合方式

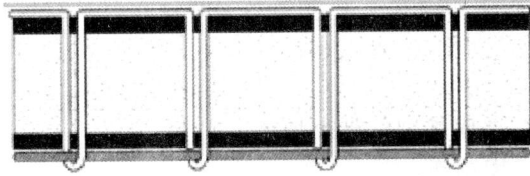

图 3.5 改进后的锁式缝合方式

(3)RTM 成型工艺。

1)RTM 成型工艺是树脂转移模塑成型方法,它是指向装有三维织物、缝编织物或缝合织物预成型体的模具内借助一定压力转移具有合适粘度的树脂,使其充填在织物间,并在其中固化成型。这种方法成型的构件尺寸精度高,可用来制造机体隐身结构和其他高精度复合材料构件。预成型体加 Z 向纤维增强,提高了构件层间强度,使其抗损伤容限大幅度增加;提高了复合材料结构效率,进一步减小了结构质量。此外 RTM 方法减少了预浸料制造、贮存、铺叠以及热压罐固化的封装和成型后的机械加工工序,大大降低了复合材料制造成本。因此,RTM 成型技术在国外已得到普遍应用。波音公司已用三维织物/RTM 工艺制造 J 型机身骨架;道格拉斯用编织缝合物研制了大型运输机机翼结构;F—22 战斗机采用 RTM 方法生产了100 多个复合材料结构件。

2)RTM 成型技术适用于梁肋构件、尾翼盒形件。RTM 成型技术主要包括以下几个方面:

a. 封闭的阴模内放置预制件和固定好芯模。

b. 用 RTM 设备注射树脂到阴模内。

c. 压力、温度。

d. 工艺参数、注射。

e. 模具要有足够的刚度。

f. 优化的注入路径。

(4)RFI(树脂渗透)成型工艺。

1)RFI 树脂渗透成型工艺与 RTM 成型工艺类似。RFI 成型工艺是将干态缝合织物的预成型件置于已安放好树脂膜的模具中,在热压罐内抽真空加温、加压,固化成型。这种工艺能生产出高质量和接近无余量的零件(只需进行有限的修整)。和 RTM 一样,RFI 不采用预浸料铺层方法。采用树脂渗透由织物缝编的预制体成型,避免了预浸料带来的一些问题。缝合又提高了复合材料抗损伤能力。RFI 与 RTM 方法比较,它更适合成型大型壁板结构件。RFI 成型工艺是一项非常有发展前途的复合材料结构成型技术。

2)RFI 成形技术适用于大型壁板主承力结构的液体成型。RFI 成型技术主要包括以下几个方面:

a. 胶模置于预制件下面。

b. 预制件和芯模放置在单面模具上用真空袋系统与模具密封。

c. 系统置于热压罐中升温、充压、抽真空。

d. 树脂渗透到预制件顶部。

(5)VARI(真空辅助)成型工艺。

1)VARI 成型工艺是在真空状态下排除纤维增强体中的气体,通过树脂的流动、渗透,实现对纤维及其织物的浸渍,并在室温下进行固化成型的工艺方法。

2）VARI 成型技术适用于制造室温和中温成型的特大型复合材料构件。VARI 成型技术主要包括以下几个方面：

a. 预制件置于模具上。

b. 真空袋与模具密封,形成预制件真空环境。

c. 胶桶、吸胶管与真空袋相连。

d. 在真空与大气压力下树脂注入预制件。

e. 可在室温下固化。

f. 模具成本低。

3）VARI 成型工艺的特点如下：

a. 无需热压罐,设备投入及使用费用低廉。

b. 产品质量高,零孔隙含量、纤维体积分数可达 60%,力学性能好。

c. 容易实现整体成型、降低制造难度、降低连接工作量、大大降低成本。

d. 可以结合纤维缝合技术和泡沫缝合技术。

4）VARI 成型法的关键技术如下：

a. 满足 VARI 工艺用树脂基体。

b. 树脂通道设计。

c. 复合材料成型质量控制。

e. 树脂通道材料渗透率控制。

f. 提高纤维体积分数。

g. 低成本气密模具。

10. 自动铺带技术

自动铺带技术是针对机翼、壁板构件等大尺寸、中小曲率的部件在 20 世纪 60 年代开发的一项采用预浸带快速自动铺放的复合材料自动化制造技术。

11. 纤维铺放技术

纤维铺放技术是 20 世纪 70 年代结合缠绕与铺带技术的各自优点开发的一项适合复杂型面快速成型的自动化制造技术。

三、成型方法的选用原则

成型方法的合理选择可以得到高性能的制件,而成型方法选择不当就会影响制件的质量,或造成经济上的浪费。

针对一个特定的复合材料制件应从增强材料和基体对成型方法的适应性,制件的结构、外形尺寸和精度要求,制件的性能要求,制件的生产批量,工序少、操作简便、周期短,劳动强度低、环境污染小,满足设计指标和使用,制造成本最低等方面选择成型方法。

在原材料、成型方法及工艺参数确定后,操作者的技术熟练程度和责任心直接影响着制件的质量。

第四节　玻璃钢零件的成型工艺

玻璃钢主要由玻璃纤维和热固性树脂组成,把不同的树脂和各种玻璃纤维制品复合就可制成各式各样的玻璃钢制品。常用的玻璃纤维制品有无碱玻璃布、中碱玻璃布、无碱无捻玻璃纤维布(方格布)、无碱无捻玻璃纤维纱等。常用的树脂有环氧树脂、酚醛树脂、不饱和聚酯树脂、聚酰亚胺树脂以及双马来酰亚胺树脂等。我国目前大量生产的都是热固性玻璃钢。

一、制造玻璃钢的材料要求

1. 主要树脂

(1)环氧树脂。环氧树脂是一类含有两个或两个以上环氧基 $-CH\overset{O}{\overbrace{}}CH_2$ 的聚合物。由于活泼环氧基的存在,环氧树脂可与多种类型固化剂发生交联反应形成三元网状结构的不溶、不熔体型高分子化合物。环氧树脂的品种很多,目前制造玻璃钢用得最普遍的环氧树脂是双酚 A 型环氧树脂,种类有 618,6101,648 号等。

由于环氧树脂分子内具有极性很强的脂肪族羟基、醚键和化学活性很强的环氧基,因此,它具有比其他树脂都优越的粘附性。加上它硬化时无低分子挥发物产生,收缩率小,为 $0.1\%\sim0.95\%$,故用它制成的玻璃钢具有很高的机械强度。

由于环氧树脂固化时没有副产物产生,因此,用它制备玻璃钢制品可在低压下成型;并且,根据所选用的固化剂不同,可在室温、中温(80～100℃)、高温(140～180℃)下固化。这对于制造大型壳体制件极为有利。特别是室温固化的环氧树脂,可采取廉价的工艺装备,可在木模、石膏模或水泥模上加工成型。

此外,由于环氧树脂的介电性、耐水性、耐酸碱及耐有机溶剂性能都好,并且在未加固化剂前能长期贮存,故环氧树脂及其玻璃钢在各行业中得到广泛的应用。

但是,环氧玻璃钢的主要缺点是耐热性不高,以及常用的胺类、酸酐类固化剂均存在不同程度的毒性,使用时应注意防护。

(2)酚醛树脂。酚醛树脂可分为热塑性酚醛树脂和热固性酚醛树脂两大类。由于它硬化后交联密度大,结构紧密,故它的耐热性比一般树脂要高。它的强度、耐水性、介电性能也比较好。但它的性质比较脆,对玻璃纤维的粘附性也不够理想。特别是使用酚醛树脂的制品,在成型过程中,需要高的压力。这是由于树脂硬化时有低分子挥发性副产物生成,加上树脂硬化的速度很大,所以,这些副产物来不及从玻璃钢中驱除出来。为避免玻璃钢制品的起泡或分层,施加的压力必须超过挥发性副产物的压力。因此,当生产酚醛玻璃钢制品时,必须在加压和抽真空下进行。

(3)不饱和聚酯树脂。不饱和聚酯树脂是用不饱和二元酸、饱和二元酸与二元醇反应,然后溶解在苯乙烯之类的活性单体中制成的。二元酸和二元醇的种类很多,使用不同的种类、不同的组合、不同的配比就可以得到各种性质的树脂。不饱和聚酯固化是将游离基聚合,通常使用有机过氧化物作催化剂,使不饱和聚酯和苯乙烯单体交联固化,成为体型网状结构。固化反应属加聚反应。

常温固化时,除了要采用过氧化物作催化剂外,还要用环烷酸钴或二甲基苯胺等促进剂。必须注意,催化剂和促进剂不可直接接触,直接接触会引起剧烈反应甚至爆炸。树脂加了促进剂后需要搅拌均匀才可加催化剂,否则,仍会引起爆炸。

使用过氧化物催化剂时,还要注意只能使用非金属器具。如使用铁铲刀、铁棒等粉碎已结块的过氧化物都是不允许的,因为这些金属器具都容易产生微小的火星而引起过氧化物爆炸。

与环氧树脂比较,聚酯树脂韧性较好,但它对玻璃纤维的粘附性差,且固化时收缩率大约为 5%。因此,用它制成的玻璃钢,强度不如环氧树脂好,特别在潮湿环境下,强度明显下降。

2.增强材料

玻璃钢用的增强材料主要是玻璃纤维及其制品。玻璃纤维是由熔化的玻璃液以极快的速度抽拉成的细丝状玻璃。它质地柔软,可并股、加捻成玻璃纤维纱,再纺织成玻璃带、玻璃布等纤维制品。

(1)玻璃纤维的结构。大量的研究证明,玻璃纤维的结构与玻璃结构相同,主要有两种,即微晶结构和网络结构。总的说来,玻璃纤维是一种无定型离子结构。

微晶结构假说认为,玻璃是由硅酸盐或二氧化硅的微晶子所组成的。这种微晶子是结构上高度变形的晶体。在微晶子之间由无定型中间层隔离,即硅酸盐过冷溶液所填充。

网络结构假说认为,玻璃是由二氧化硅四面体、铝氧四面体、硼氧多面体相互连成的不规则的三维网络。网络间的空隙由 Na,K,Ca,Mg 等阳离子所填充。

(2)玻璃纤维的制备。生产玻璃纤维应用最广的方法有池窑拉丝和拉丝炉拉丝两种。池窑拉丝的优点是省掉了制球工序。

拉丝炉内熔化成液态的玻璃,借助自重从拉丝炉底部的漏板中流出,在迅速冷却的过程中,借助 1 000～3 000 m/min 高速拉丝机拉制成直径很细的玻璃纤维。从拉丝炉中拉出的玻璃纤维叫单丝,单丝经过浸润剂槽集束而成原丝。

浸润剂在拉丝和纺织过程中的作用很大。它主要是使纤维粘合集束、润滑耐磨、消除静电等,保证拉丝和纺丝工序的顺利进行。

(3)玻璃纤维纱及其制品的规格。

1)玻璃纤维纱常用的几个结构参数。

a.原纱支数 β:每 1 g 原纱的长度(m)为原纱支数 β,支数越大表示构成原纱的单丝越细。

b.合股数 N:合股纱的原纱股数。

c.合股纱支数(公制支数):每 1 g 合股纱的长度(m),等于原纱的支数除以合股数。目前,国际上还使用"TEX"(公制称号)法来定纱的支数,它是指 1 000 m 长的原纱的质量(g)。

d.捻度:每单位长度纤维的加捻数。

2)玻璃纤维制品的品种、规格。

a.玻璃布:玻璃纤维经各种纺织方法织成。

b.玻璃布带:与玻璃布的结构、性能相似,仅编织的宽度较窄。

c.表面毡:用胶粘剂将定长纤维粘接成较薄的毡材。

3)玻璃布的品种规格及性能特点。

a.平纹布:由经纱和纬纱互相交替编织而成。这种布的经、纬两个方向的性能较接近。由于玻璃纤维弯曲较大、强度较低,成型时,布的柔软性较差。适用于简单形状的产品。

b.斜纹布:每个经纱都是从两根纬纱下面通过,然后压在另外两根纬纱上面,布面呈现斜纹。这种布的强度和敷设性都比平纹布好。

c.缎纹布:经纱或纬纱均由一根纱下面通过,然后压在另外三、五或七根纱上面,布面几乎只见经纱或纬纱。其强度和铺覆性优于前两种布。

d.单向布:在经向或纬向(一般在纬向)采用强纱,而在另一向用弱纱,且在弱纱方向编织稀疏。这种布在单方向具有较高的强度,适用于特定方向需要较高强度的产品。

e.无捻布:用无捻粗纱按平纹编织的布,俗称方格布。

f.特殊编织物:根据特殊要求编织的织物,如雷达罩用编织套,正交三向增强的三向织物等。

(4)玻璃纤维及其制品的性能。玻璃纤维是一种无机纤维,它是以坚固的硅氧键为主体的网状三元结构。它与棉、麻、人造丝、合成纤维等有机纤维相比较,具有以下特点:

1)不燃烧,防火,隔热;

2)拉伸强度高,延伸率小;

3)弹性模量较低;

4)无碱玻璃纤维电绝缘性能特别好;

5)除了热的氢氟酸、磷酸外,耐化学腐蚀性好;

6)防霉,防蛀,耐潮湿。

二、湿法成型工艺(玻璃钢零件的成型)

湿法成型工艺是复合材料工艺生产中最早采用的一种基本成型工艺方法。湿法成型是将浸渍树脂的增强材料成层地裱糊在模具上,再在一定的温度和压力下固化成制品的一种成型方法。湿法成型工艺可分为无压固化和低压固化两大类。属于前者的有简单手糊法和喷射成型法等;属于后者的有压力袋法和真空袋法等。

1.湿法成型工艺的优缺点

优点是操作简便,容易掌握;工装、设备费用低,容易制造;不受产品尺寸和形状的限制;可根据产品设计要求,铺制成不同品种和厚度的增强材料。

缺点是生产效率低,劳动条件差,劳动强度大;产品质量不易控制,性能稳定性差;产品强度较其他方法低。

综上所述,湿法成型工艺特别适合于制作尺寸大、形状复杂、数量少的复合材料制品。

2.湿法成型工艺选择的原则

成型工艺的选择关系到提高产品质量、降低成本、简化工艺等各方面的因素,一般来讲,应从以下几方面考虑:

(1)根据产品的性能要求,合理地选择纤维的种类、树脂的配方及铺层方法。

(2)根据产品几何尺寸和强度要求,正确选择模具材料和成型方法。

(3)根据气候条件、任务的缓急,确定固化方式,15℃以上的常温固化,要经过24 h才能脱模,因此,冬季施工或任务紧迫,就必须采用热固化工艺。

(4)树脂含量高的产品采用无压手糊成型,含胶量为$50\%\sim80\%$;低压成型含胶量只有$35\%\sim50\%$。

3.湿法成型工艺过程

(1)胶液配制。准备胶液时,应根据工艺要求按配比配制胶液,有的胶液还应该用规定的溶剂调配成规定的粘度。粘度过高不易涂刷及浸渍增强材料,粘度过低容易引起流胶,使制品产生缺陷。

(2)增强材料的准备。增强材料预先应经过表面处理,在使用前保持不受潮湿,不沾染油污。增强材料的剪裁设计很重要,对于结构简单的零件,可按模具形面展开图制成样板,按样板裁剪。对结构形状复杂的制品,可将制品的形面合理地分割成几部分,分别制作样板,再按样板下料即可。剪裁时应注意以下几点：

1）注意布的方向性。必须按照设计图样规定的纤维方向进行布的剪裁。

2）加放搭接和零件边缘的工艺余量，当制品尺寸较大，需要两块甚至三块才能拼成一层布的用量时，布层间就出现对接或搭接接头。对一些要求壁厚均匀的制品，可采用对接接头方式，但对一些强度要求高的制品，则需要采用搭接接头。不管是搭接还是对接，剪裁时必须考虑到搭接缝或对接缝的错开。

3）对一些形状复杂的制品，有时必须在布的局部剪开，这可以在布裁剪时或在裱糊时剪开。剪开的数目应尽量少，而且每层的剪开部位要错开。

4）当裱糊圆环制品时，将布剪成圆环形是比较困难的。可沿布的经向 45°的方向剪成布带，利用 45°方向布的良好的变形能力，裱糊成圆环形。对于圆锥形制品，要将布裁剪成扇形进行裱糊。

5）剪裁布的大小要根据制品的性能要求和操作方便酌情处理。如制品机械性能要求高，就尽量采用整块布，这样纤维无断开，强度较高；而有些制品力学性能要求不高，且用大块布裱糊有困难，就可剪成小块裱糊。

（3）增强材料的浸渍与裱糊。随增强材料浸渍胶液的情况不同，可分为干法裱糊和湿法裱糊两种。

干法裱糊是将布浸渍胶液，经烘干制成胶液布，然后进行裱糊。裱糊前，将胶布按样板下料。裱糊时稍微加热，使树脂软化，增加材料柔性，以便于很好地贴模。此法仅适用于含大量溶剂并需要加热固化的树脂配方，多数为酚醛树脂胶液。用干法裱糊时，工人便于操作，劳动条件较好，但材料刚性大，不易贴模，因而只适用于形状比较简单的制品。

湿法裱糊应用较广。它是一边用胶液浸渍增强材料，一边在模具上进行裱糊。一般采用刷胶和刮胶方法，使胶料浸透增强材料，并使增强材料与模具贴合。

裱糊看起来是简单的手工操作，但操作者的熟练程度对制品质量影响很大。裱糊时须快速、准确，严格控制含胶量，排除气泡，使制品不接触模具的一面也比较平整。

裱糊完成后，在最后一层表面上覆盖玻璃纸、聚氯乙烯薄膜或聚乙烯薄膜（视胶液性质而定）。覆盖薄膜有双重作用。一方面，对于固化时要加压的制品，薄膜起到制品表面与加压袋或模具的隔离作用，便于脱模，保证制品表面质量；另一方面，它可使制品表面与空气隔开，这对于不饱和聚酯树脂胶液尤其重要，避免了空气中氧气对不饱和聚酯树脂胶液的阻聚作用，从而防止了因固化不完全而出现的发粘现象。

（4）固化。玻璃纤维复合材料中树脂胶液固化，除了与树脂本身的结构及其他组份如固化剂、交联剂等有关外，外界条件如温度、压力、时间对复合材料的成型及制品的质量起着重要的作用。

温度、压力的大小除了与树脂胶液在一定温度下的凝胶时间和固化反应速度、放热峰值温度等有关外，还与制品的厚薄、大小及性能要求、设备条件等其他一些因素有关。保持时间主要与材料的固化速度、制品形状和厚度有关，而温度对它的影响就更为突出。一般当提高温度时，保持的时间就相应地缩短。因此，当制定固化工艺规范时，这三者密切相关，相互依赖。

如果采用室温固化的胶液，裱糊完后便在室温放置一定时间使制品固化。为了提高模具使用效率，通常只使制品固化到脱模后不致变形便进行脱模。对于薄壁制品，脱模后须将它放在辅助的校形模上继续固化，以防止制品脱模后变形。

　　常温固化的制品,如果能增加一次热处理,则其机械强度将会有所提高。热处理可以在加热炉中进行,或用红外线加热罩加热。

　　用裱糊法成型的制品,如果固化时不施加外压,则这种方法叫做接触成型法。其通常为冷固化的不饱和聚酯树脂或环氧树脂体系。由于此法简单,又不受制品尺寸的限制,因而广泛用来制造大尺寸制品。但由于不加压,制品的强度和均匀性较差。如果采用的胶液,必须加热固化,尤其在固化时还有挥发物产生(溶剂或副产物),制品就必须加压固化才能保证质量。

　　裱糊成型制品固化时加压的作用是为了使制品密实,防止产生气泡和分层,控制含胶量以及制品冷却时不变形等。

　　压力的控制包括压力的大小、加压次数和加压时机等。压力的大小主要取决于树脂的特性,并且与胶布中不溶性树脂含量的高低有关。加压的次数与加压的大小和树脂胶液的初始粘度有关。如果压力较小,胶液粘度较大,则裱糊成型后一次施加全压,以便使各层布的位置相对固定和贴合好,并使胶液在填料中均匀分布。如果压力较大,而胶液在室温或在加热时粘度较小,便容易流胶,使制品中含胶量不易均匀控制,因此,常采用二次加压。加压时机(加压点)的选择很重要,加压过早会使树脂流失过多;加压过晚,树脂已凝胶或粘度过大,压力就起不到作用,制品压不密实,使性能降低。一般加压时间选择在树脂即将流胶,即树脂发生抽丝的情况下较妥。

　　目前,生产中常用的加压方法有真空袋加压法和热压罐加压法。

　　真空袋加压法可以给制件加 1 atm(1 atm＝101.325 kPa)以下的压力,同时能很好地排除挥发物,以保证得到结构较密实、强度较高的制品。

　　热压罐加压法与真空袋加压法不同的是,除制品能得到真空压力外,还能得到热压罐内压缩空气的压力。一般罐压在 0.1～1.4 MPa 内可调。

　　(5)脱模和修整。制品在模具上固化时会发生收缩。用凹模成型的制品由于收缩易脱模,用凸模成型的制品常常会绷紧在模具上较难脱模。为了便于脱模,制品裱糊时,常留有一定的工艺凸边,脱模时就靠此凸边承受脱模力。脱模以后,放置一定时间,制品便可用机械加工方法去除毛边和不必要的部分。如果大型制品是分几部分成型的,那么加工后要进行装配。装配时必须在装配夹具(型架)上进行,连接方法可用机械连接和胶接两种。

三、玻璃钢制件的一般验收标准

1. 玻璃钢制件的验收标准

完工的玻璃钢制件按工程图样和相应验收技术条件进行验收。检验方法如下:

　　(1)目视法。用目视(采用强光有助于目视检验)或低倍放大镜对制件的气泡、胶瘤、皱纹、印痕、压伤、划伤、表面凹陷等缺陷进行检验。

　　(2)敲击法。用敲击法对制件的脱胶、裂纹、气泡、分层等缺陷进行检验。

　　(3)尺寸检验。用钢卷尺、直尺、游标卡尺、螺旋测微仪等量具对制件的长度、厚度、直径等外形尺寸进行检验。

　　(4)当上述方法无法满足对制件的检验时,可根据需要,按 GJB1038.1 进行超声波检验,以及按 GJB1038.2 进行 X 射线检验。

2. 技术要求及缺陷允许范围

玻璃钢制件的技术要求及缺陷允许范围详见表3.2。

表 3.2　玻璃钢制件的技术要求及缺陷允许范围

序号	缺陷名称	允许范围	
		结构件	非结构件
1	气泡	距制件边缘大于 20 mm 的范围内,在 200 mm×200 mm 的面积上,允许有 $\phi3\sim\phi5$ mm 的气泡不多于 3 个,气泡间距不小于 30 mm。小于 $\phi3$ mm 的气泡允许零星分散存在	距制件边缘大于 20 mm 的范围内,在 200 mm×200 mm 的面积上,允许有 $\phi3\sim\phi5$ mm 的气泡不多于 3 个,气泡间距不小于 30 mm。小于 $\phi3$ mm 的气泡允许零星分散存在
2	胶瘤	有气动外形要求的制件表面不允许有胶瘤存在。若有胶瘤,允许打磨消除,但不准损伤纤维	制件表面允许有高度不大于 0.5 mm 的胶瘤存在。但应圆滑过度,并不得影响装配
3	皱纹	表面允许有高度(或者深度)不大于 0.5 mm、长度 100 mm 的皱纹存在,相邻两条皱纹的最小距离在 200 mm 以上	表面允许有高度(或者深度)不大于 0.5 mm、长度不超过 100 mm 的皱纹存在
4	印痕	表面允许有印痕存在,但必须浸透胶液	表面允许有印痕存在,但必须浸透胶液
5	脱胶	夹层结构的蒙皮与芯层之间不允许有脱胶现象。若有不大于 50 mm×50 mm 的脱胶,允许补胶,但在 1 m^2 的面积上不得多于 5 处	夹层结构的蒙皮与芯层之间不允许有脱胶现象。若有不大于 50 mm×50 mm 的脱胶,允许补胶,但在 1 m^2 的面积上不得多于 5 处
6	压伤划伤	不允许有压伤或损伤玻璃纤维的划伤	不允许有压伤或损伤玻璃纤维的划伤
7	裂纹	不允许	不允许
8	纤维断裂	不允许	不允许
9	分层	不允许	在任何尺寸范围、任何方向不大于 25 mm,其缺陷相距应大于 300 mm
10	夹杂物	夹杂物直径应小于 $\phi1.5$ mm,且在 3 000 mm^2 内只允许 1 处	夹杂物直径应小于 $\phi1.5$ mm,且在 3 000 mm^2 内只允许有 1 处
11	表面凹陷	对于制件的贴模面的要求:小于 0.13 mm 的凹陷是允许的;大于 0.13 mm 深度的凹陷,在 300 mm×300 mm 的面积内,不得多于 1 处。每个凹陷边缘必须离开孔或板的边缘至少 150 mm。凹陷不得损伤玻璃纤维	按图样要求

第五节　复合材料结构件成型工艺

随着复合材料的发展,复合材料的成型工艺方法也在不断地发展和改进,传统的湿法成型工艺逐渐被预浸料干法成型工艺所取代。目前,复合材料结构件常用的成型工艺方法主要是预浸料干法成型,采用的固化工艺是热压罐固化工艺。因此,热压罐成型是复合材料结构件最主要的成型方法,对复杂制件具有较高的成型能力,适合于大型部件的生产。

一、材料与设备

1. 材料

复合材料结构件成型常用的材料有主材料和工艺辅助材料,所有材料必须合格有效方可投入使用。

(1)常用的主材料有预浸料、胶膜、填充胶、蜂窝芯、胶粘剂、装饰膜、表面膜等。

1)预浸料:如国产的环氧预浸料 EW100/X98 - 14、酚醛预浸料 EW230/HD01、碳纤维预浸料 5222A/T300 和芳纶纤维预浸料 5222A/914 以及进口的 BMS8 - 79/120,BMS8 - 79/1581,BMS8 - 226,913C - 926 - 40% 预浸料等。

2)胶膜:如 SY - 14C,BMS5 - 10 和 DAN1234 - 01 等。

3)填充胶:如 EPOCAST1629。

4)蜂窝芯:如国产的 NH/NRH 蜂窝芯及进口的 BMS8 - 124 蜂窝芯。

5)胶粘剂:如 METALSET A4,BMS8 - 201,EC2216。

6)装饰膜:如 AF - HLR5056/10452/680THE/52″/HA211。

7)表面膜:如 BMS8 - 341 等。

(2)常用的辅助材料有隔离膜、撕下层、压力垫、透气层、真空袋、密封胶带、压敏胶带、纸胶带、双面胶带、丙酮或丁酮、砂纸、刮板、手套等。

1)隔离膜(分有孔和无孔隔离膜):如 A4000 和 A4000P3。

2)撕下层:如 RELEASE PLYA,PLYB,PLYC 等。

3)压力垫:如 AIRPAD 压力垫和 AIRCAST3700。

4)透气层:如 AIRWEAVE N10,AIRWEAVE N4,产业布 XF - 340。

5)真空袋:如 WRIGHT 7400,WRIGHT 7500。

6)密封胶带:如 GS213,SM5144。

7)压敏胶带:如 FLASHBREAKE。

8)纸胶带:如 AIRMASK250。

9)双面胶带:如 AIRHOLD 1CBS,AIRHOLD 10CBS。

2. 设备和设施

复合材料结构件成型常用的设备和设施主要有热压罐、烘箱、低温库、数控下料机、激光投影铺层定位仪、自动铺带机、控制污染区(清洁间)、环境监控区等。所有设备和设施都应定期检查、校验并合格有效。

二、复合材料结构件成型工艺流程

生产准备(材料、工装等)→下料→铺贴→制袋→固化→脱模修整→无损检测→缺陷修补(必要时)→复合材料结构件。

三、复合材料结构件成型工艺过程

1. 预浸料、胶膜准备

预浸料、胶膜应在密封防潮袋中存放,未使用的或已部分使用及预切割配套的预浸料卷或胶膜卷料,在铺贴前不得揭去原来的背衬材料。配套的预浸料、胶膜不允许折叠,可以平放或卷起来贮存。预浸料、胶膜应记录冷藏及非冷藏的累积时间,同时袋中须附有标签,该标签上应标明材料的牌号、生产厂的名称、批号、卷号、生产日期。

从低温库中取出的预浸料、胶膜应保存在密封的防潮袋中,直到包装袋外面不再有冷凝水才可启封使用。每种预浸料、胶膜的贮存期(冷藏及非冷藏的时间)和复验等按相应材料规范或说明进行。

2. 工装准备

(1)用汽油、丙酮或酒精擦洗工装工作面,以确保工装表面清洁、无油脂。

(2)检查工装是否符合要求,有无缺陷,划线是否准确。

(3)对于工作面平直或形状不复杂的工装,可铺贴脱模布,对于形状复杂的工装工作面,根据需要可使用脱模剂。

(4)脱模剂的使用方法。

除在工装上涂脱模剂期间外,液态脱模剂应贮存在密封容器中,吸收水分有害于其性能。

脱模剂 Frekote 44NC,Frekote 55NC 或 Frekote 700NC,按下述方法涂敷:

1)新工装或返修后的工装首次使用脱模剂 Frekote 44NC,Frekote 55NC 或 Frekote 700NC 时,工装工作面温度应在15℃以上。先在工装工作面至少涂 3 遍薄的涂层,铺层开始前烘干或在环境温度下干燥脱模剂,Frekote 44NC 在(121±5)℃下烘干 30~60 min,Frekote 55NC 在环境温度下应至少干燥 30 min,Frekote 700NC 在15℃或以上空气干燥至少 15 min。

2)对重复使用的工装,工装工作面温度应在15℃以上。可将 Frekote 44NC,Frekote 55NC 或 Frekote 700NC 在工装工作面涂一遍或一遍以上,铺层开始前进行干燥,Frekote 55NC 在环境温度下干燥至少 30 min,Frekote 44NC,Frekote 700NC 则在(15~49)℃下干燥 30~60 min。

3)除 Frekote 55NC 涂层间至少间隔 5 min 外,其余脱模剂各涂层间要求至少间隔 15 min。不要将脱模剂倾倒在工装上,而要用干净的不脱毛的抹布蘸取脱模剂擦涂或用不掉毛的刷子刷涂。

3. 蜂窝芯的准备

(1)蜂窝芯贮存。

要以不引起损伤或避免水、油脂、污物或其他有害于胶接的外来材料污染的方法贮存和包装蜂窝芯。一旦芯子或芯子组件已经切割到净尺寸,应按图样规定做标识。

(2)蜂窝芯清洗。

1)用真空吸尘或用已干燥的过滤压缩空气吹掉芯子上可见灰尘。

2)当芯子表面有油脂或其他目视可见的污染物时,用干净的抹布蘸丙酮擦洗表面,最后放入(65±5)℃的烘箱中干燥至少 15 min。

(3)蜂窝芯的拼接。蜂窝芯的拼接方法主要有机械拼接和胶接拼接。

1)机械拼接(仅适用于玻璃布芯子)。

a.当芯子的密度允许时,在两个蜂窝芯块上搭接 2~4 个格子宽的方法挤压拼接芯块。

b.当挤压拼接 25 mm 或更厚的芯子时,接头可以斜削。

c.可以用同种类的第三块芯子作销子,交叉拼接把芯块拼接在一起。

2)胶接拼接。

a.泡沫胶法拼接。蜂窝芯清洗干净,在拼缝处铺一层泡沫胶,将芯块放置到一起并使其在固化过程中牢固地保持在一起;按相应的胶粘剂固化工艺参数进行固化。为防止挤压并保持芯子紧靠在一起,在整个固化过程中,可以使用 0.05~0.06 MPa 的真空压力。

b.灌封料法拼接。先将蜂窝芯清洗干净,然后将芯块放置在一起,并在固化过程中使芯块牢固地保持在一起,按图样将灌封材料仔细加入芯格中;按相应的材料固化工艺参数进行固化。可以使用 0.05~0.06 MPa 的真空压力。

以上两种方法在拼接缝处可以使用剥离保护层予以保护。在靠袋面的拼接缝处应加上盖板。

(4)蜂窝芯预灌封。当工程图样规定用灌封材料填充蜂窝芯时,在规定的芯子区域处填充灌封混合物,填充深度按工程图样的要求执行。当填充灌封材料时,可以用纸胶带进行保护。

(5)蜂窝芯的干燥。适用时,为保证胶接质量可在芯子机加前对芯子干燥。首件完成后干燥的温度、时间应规定在零件工艺规程或 FO 中。

(6)蜂窝芯的机加。将蜂窝芯加工至图样要求的尺寸。机加时,可使用双面胶带或抽真空方式固定蜂窝芯。机加过程中蜂窝芯不能被影响其随后胶接质量的物质污染。

(7)蜂窝芯的工艺稳定。为防止蜂窝芯与蒙皮一起在固化的过程中发生收缩,在蜂窝芯机加前或与蒙皮固化前,可以采取胶膜法、摩擦带法、玻璃纤维系紧法等方法对其进行稳定化处理。

4.其他材料

工程图样规定使用的其他材料和工艺辅助材料贮存及复验均应按材料规范或供应商说明的要求执行。

5.下料

下料操作必须在控制污染区(清洁间)内进行,基本要求如下:

(1)预浸料等下料的工作台不能用金属材料制作,可以用玻璃、复合材料层板、聚氨酯板、聚乙烯板、橡胶垫等材料制作。

(2)根据图样要求按样板或使用数控下料机剪裁预浸料。预浸料与保护膜一起剪裁,层贴时才能揭掉保护膜。

(3)剪裁后的预浸料背衬上应标记图号、方向和层号。如果料片面积不足以做以上标记,每个零件下料时按铺层顺序,第一层和最后一层必须标记图号、方向和层号;其余各层面积足够时标记图号、方向、层号,面积不足时允许只标记方向和层号。

(4)把剪裁好的预浸料按顺序叠放在一起,并做标记。若不是马上铺贴,则密封后放入低温库中待用,尽量缩短暴露时间,确保预浸料在适用期内使用。

6．铺贴

铺贴操作必须在控制污染区(清洁间)内进行,基本要求如下:

(1)取出准备好的预浸料,对照工程图样检查预浸料片的取向和数量。

(2)按工程图样要求,在准备好的工装上按顺序逐层铺贴预浸料。铺贴时,从基准线开始,向边缘铺贴,使其完全与工装贴合,并排除夹在里面的气泡。不允许有皱褶、纤维屈曲和夹杂物存在。除非工程图样另有规定,否则单向带纤维铺层方向容差为±3°,织物方向容差为±5°,蜂窝芯方向容差为±5°;铺层位置及芯子位置容差为±2.5 mm。

(3)对于形状复杂,有台阶、拐角的地方,当铺贴预浸料时,应特别注意与工装完全贴合和层间贴合。

(4)应一层一层地铺贴,不允许一次多层铺贴。预浸料拼接时相邻层拼接缝错开至少 25 mm,每 5 层可以重复错开排列。在型面特别复杂的区域,预浸料难以铺贴平整时,允许尽量沿纤维方向剪缺口,使其平整贴胎,然后用同一种材料、同一种角度以搭接方式补齐缺口,搭接量为 13～25 mm。

(5)无论单向带还是织物,垫片层中都不允许搭接,对接间隙不超过 1.5 mm。

(6)胶膜拼接时的最大搭接量为 6.5 mm,对接最大间隙不超过 1.5 mm。

(7)当铺贴预浸料时,每铺 1～3 层,用临时真空袋进行抽真空压实一次。压实应在真空袋下放置透气材料,并在预浸料上放有孔隔离膜,不允许透气材料与预浸料直接接触。压实时,真空度不小于 0.08 MPa,时间至少为 15 min。

(8)为便于铺贴,可对预浸料加热,但材料的温度不应超过 60℃。

7．制袋并接偶

(1)制袋用工艺辅助材料种类很多,应根据使用的成型工艺方法、原材料和对制件的质量要求等,选择必需的工艺辅助材料。

(2)按图 3.6 所示的典型制袋工艺组合图进行制袋。

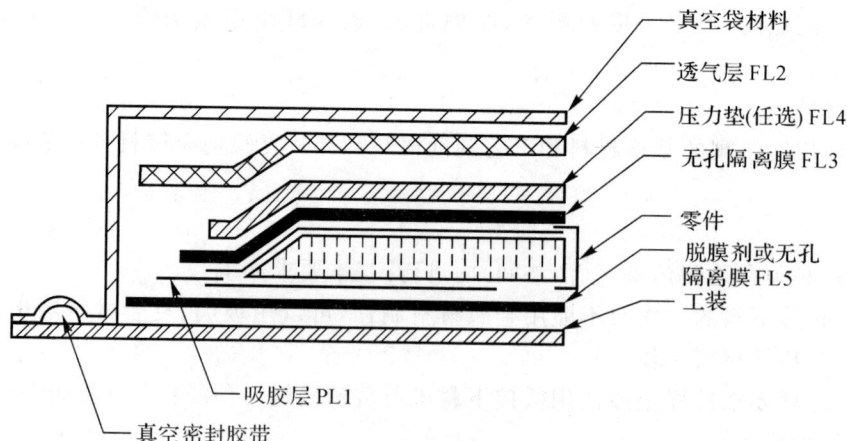

图 3.6　典型制袋工艺组合图

(3)制袋后零件应再进行真空渗漏检查。渗漏检查前应对零件抽真空至少 15 min,真空度不低于 0.08 MPa,对高度大于 25 mm 的芯子蜂窝夹层件真空度可降低,最低可降至 0.034 MPa。关闭真空,真空渗漏率不超过 0.017 MPa/5 min。

（4）接偶。在每个零件余量或零件工装上的领先、滞后位置处,至少各放一支热电偶,监控整个固化周期。当不在零件余量处,而在工装上放置热电偶时,应按照热分布试验情况在热电偶上放置隔热垫。当单位载荷的热电偶数目超过热压罐的监控能力时,为减少热电偶的数量以适应热压罐的容量,至少应对 5 个升温最快的加热零件,监控"领先"热电偶,对 5 个最慢的加热零件,监控"滞后"热电偶,具体要求如下:

1)固化开始前,检查每个热电偶线路。

2)带故障的热电偶(如指示的温度曲线反复无常)应扣除。

3)升温和降温速率等于单个热电偶测量的温度区间的温度差除以测量所经过的时间。

注:FL1 边缘吸胶层的使用是任选的。

FL2 当使用边缘吸胶层时,表面透气层应接触边缘吸胶层,但不能直接与预浸料接触。

FL3 隔离膜应延伸出铺层的边缘至少 25.4 mm,但不要到达表面透气层的边缘。

FL4 在层压件或夹层件上可使用压力板或压力垫。

FL5 可使用胶带将隔离膜固定在工装表面。

8.固化

固化工序是复合材料成型过程中的最重要的工序之一。复合材料制件的形状、物理机械性能及电气性能等都在此工序中形成。固化基本要求如下:

（1）按零件材料所适用的规范要求进行固化。

（2）零件整个固化过程应持续记录温度、压力、时间、袋内压力。

（3）每个真空袋应连接到真空/通气导管中,而不是连接到其他的真空袋中。允许将两个真空袋的软管连接到一个 T 型接头上,然后将接头与真空/通气总管相连接。

（4）在整个固化过程中,真空袋内的压力不应超过＋0.035 MPa,不允许抽真空以保持袋内压力＋0.035 MPa。如果袋内压力未使用连续记录仪记录,固化过程中的袋内压力读数应按下述要求记录:

1)热压罐达到满压时;

2)固化阶段开始时;

3)固化阶段结束时。

（5）零件可根据具体情况一次或多次预固化,固化进行共胶接或二次胶接。

9.脱模修整

应以不损伤零件和模具表面的方式脱模,脱模后去除毛边和多余的胶梗。

第六节　复合材料的机械加工

飞机上常用的复合材料构件主要有玻璃纤维复合材料、碳纤维复合材料以及芳纶纤维复合材料等。本节主要讲述玻璃纤维、碳纤维及芳纶纤维等复合材料的钻孔、锪窝、外形切割等机械加工工艺及方法。

一、玻璃纤维复合材料的机械加工

1.玻璃纤维复合材料的机械加工技术要求

（1）防止过热。因为玻璃纤维增强复合材料的导热性差及在加工中有分层趋势的缘故,所以加工时应以防止过热或损伤的方法来加工。

1)混杂、细纹编织的玻璃纤维增强层压件有较好的可加工性能,而粗纹编织的玻璃纤维层压件却极难加工。当选择适当的加工方法或工具时,应考虑防止热损伤等因素。

2)玻璃纤维增强层压件对工具的磨损非常严重,长时间切削时应使用金刚石或硬质合金工具。工具应当锋利,并无毛刺和缺口,以减少摩擦热。在机加过程中应使用压缩空气或强力的吸出装置,以吹散产生的热量,并吹去切下的废料。

(2)尺寸稳定性。当零件实际厚度允许时,层压件机械加工应从正、反两面对称加工,以减少残余应力引起的变形。

(3)外观要求。目视检查所有机加表面,应无裂纹、无过烧、无碎片、无破损、无纤维拔出和分层的痕迹。零件机加边缘缺陷的接收限、返工限与返工程序按相应零件的制造要求执行。

2.玻璃纤维复合材料的外形加工

(1)采用手工切割或数控铣切的方法来加工复合材料的外形。

(2)手工切边时使用标准的圆盘锯或组合锯切割,按照复合材料制件的厚度以及材料中所夹的填料来确定锯齿的数目、锯进速度及锯齿转动速度。

(3)必须在零件双侧采用支撑以避免分层。

(4)对玻璃纤维层压板进行干切削时,推荐采用下列参数:

1)材料厚度低于 2.5 mm 时,进给速度约为 1 500 mm/min;

2)材料厚度为 2.5~5 mm 时,进给速度约为 1 000 mm/min;

3)材料厚度大于 5 mm 时,进给速度约为 500 mm/min。

(5)推荐采用的切边加工工艺参数见表 3.3,推荐采用的外形铣削加工工艺参数见表 3.4。

表 3.3　切边加工工艺参数

加工材料	刀具材料	钻头(刀具)类型	进给速度 $m \cdot min^{-1}$	切削速度 $m \cdot s^{-1}$
玻璃纤维增强层压件	硬质合金,中等粒度	硬质合金刀具	1.5~4.5	6~25
	金刚石,粒度为 60~80	金刚石涂层切边刀具	1.5~4.5	6~25
	硬质合金	硬质合金刀具	0.9~3	2.5~10

表 3.4　外形铣削加工工艺参数

加工材料	刀具材料	进给速度	切削速度 $m \cdot s^{-1}$	切削深度 mm
玻璃纤维增强层压件	金刚石,粒度为 60~80	$0.1 \sim 0.2/(m \cdot min^{-1})$	3~5	0.35~1.2
	硬质合金	$0.05 \sim 0.13/(m \cdot r^{-1})$	0.2~0.4	0.35~1.2

3.玻璃纤维复合材料的制孔

(1)应使用镀铬(或抛光)并带有排屑槽的高速工具钢或硬质合金钻头。钻头顶尖应留有 70~90 mm 的槽和宽切削间隙。

(2)钻孔、扩孔或铰孔的尺寸按工程图样规定的尺寸或精度要求。当工程图样或技术文件无要求时,可考虑使用比要求直径大 0.050 8~0.076 2 mm 的钻头和合适的钻头转速。

(3)镗孔时,按所要求的终孔直径先加工一个初孔:一般初孔直径要小于终孔直径 1 mm 左右。

(4)推荐采用的钻孔、锪沉孔加工工艺参数见表3.5。

表 3.5 钻孔和锪沉孔加工工艺参数

加工材料	钻头材料	钻头类型	进给量/(mm·r⁻¹)	转速/(m·min⁻¹)
玻璃纤维增强层压件	金刚石	金刚石空心钻	0.04~0.08	20~25
	硬质合金	硬质合金平钻	0.04~0.08	50~100

(5)使用木制、塑料垫板或铝垫板,以防止背面划伤或破裂,如图 3.7 所示。钻孔时应不断地退出钻头,以清除钻屑和防止过热。

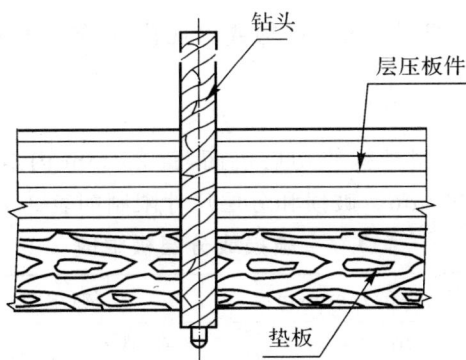

图 3.7 玻璃纤维复合材料制孔

4. 玻璃纤维复合材料的锪窝

(1)推荐锪窝转速为 500~1 000 r/min 范围内。

(2)锪窝时,应确保刀具在接触层压板前是旋转的,以免产生碎片。

(3)尽可能采用同一把钻孔和锪窝组合刀具同时进行钻孔和锪窝加工。

(4)进行锪窝加工时,建议使用引导以确保孔轴线与所用刀具轴线同轴。

(5)推荐采用的锪窝加工工艺参数见表3.6。

表 3.6 锪窝加工工艺参数

加工材料	钻头材料	进给速度/(m·min⁻¹)	切削速度/(m·s⁻¹)
玻璃纤维增强层压件	高速钢	0.2~0.3	≤5
	硬质合金	0.2~0.3	10~30

5. 去毛刺

边缘毛刺可以用粒度为 60~80 的氧化铝砂布或碳化硅防水砂纸打磨去除。松散的纤维可以用带式打磨机或打磨盘首先向下打磨,然后向上打磨的方法去除。

二、碳纤维复合材料的机械加工

1.碳纤维复合材料的机械加工技术要求

（1）一般要求。

1）根据待加工碳纤维复合材料层压结构的大小和形状，边缘机械加工方式主要包含有金刚石砂轮切割、铣削、带锯锯切和磨削。

2）为了更好地按照工程图样要求对碳纤维复合材料层压结构进行机械加工，加工时应采用切割模或加工工装。

3）加工时应采用真空吸尘系统收集粉尘，以减少碳纤维粉尘的扩散，避免因碳纤维粉末的污染致使周边电气系统的短路。

4）加工碳纤维复合材料层压结构过程中应进行冷却。冷却材料应为不含油的过滤空气、二氧化碳和鲸蜡醇或水。

5）当加工时如有异响声，切削刃过分磨损或出现缺口，复合材料表面出现分层、劈裂等情况时，应更换刀具或修磨刀具。

（2）质量要求。

1）分层范围。对于复合材料结构修切后表面，每 25 mm 内最多只能出现 4 个破损和分层，每两个间距应不小于 0.76 mm。破损和分层尺寸限制如表 3.7 所示。

表 3.7　破损或分层极限值

	单向带（单方向性的）/mm(in)	织物（编织）/mm(in)
深	一层达 0.254(0.01)	一层达 0.356(0.014)
宽	0.76(0.03)	0.76(0.03)
长	0.254(0.010)	2.54(0.10)

注 1 in＝25.4 mm。

2）外观颜色。机械加工时复合材料表面应无过热现象，复合材料表面不能变为棕黑色。

3）粗糙度要求。复合材料构件机械加工的切口表面粗糙度 R_a 不低于 3.2，水切割切口表面粗糙度 R_a 不低于 10.0。

2.碳纤维复合材料的外形加工

（1）金刚石砂轮切割。采用金刚石砂轮片（粒度为 40 目）切割碳纤维复合材料层压件时，刀片切割速度应在 1 520～1 830 m/min 之间，进给速度的选择只要不使砂轮片发生过载或被切件发生过热情况即可，在砂轮片出口端应使用垫板予以支撑来防止劈裂，加工过程中应进行冷却。

（2）铣削。当采用数控机床铣削碳纤维复合材料层压件时，应选用金刚石涂层或硬质合金刀具，进给速度的选择只要不使砂轮片发生过载或被切件发生过热情况即可，并在加工过程中应进行冷却。

（3）带锯锯切。用带锯机切割碳纤维复合材料构件应使用涂有粒度为 60～80 的金刚石锯片，切割速度应在 2 000～12 000 r/min 间。在锯片出口侧需予以支撑，以防止分层和劈裂，锯切过程中应进行冷却。

（4）磨削。当制件边缘有一定曲率时，可采用磨削进行加工，一般推荐采用盘磨机，转速不低于 3 000 r/min，切割进给深度不超过 0.5 mm，切割过程中应进行冷却处理。

3.碳纤维复合材料的制孔

当仅在碳纤维复合材料构件上钻孔时，应使用下述分步程序，如图 3.8 所示。

（1）钻 $\phi3\sim\phi12$ mm 的通孔应使用硬质合金麻花钻。推荐转速为 800～2 800 r/min，进给量为 0.01～0.06 mm/r，为了避免出口面分层，一方面当接近钻透时应放慢进给速度；另一方面应在出口面加垫板（硬塑料板、夹布胶木板或铝板）、粘贴可剥布或固化胶层。

（2）为了达到孔的公差要求，也可用硬质合金铰刀铰孔。铰孔时，先按上述要求钻初孔，钻孔时应留出铰孔余量为 0.15～0.4 mm，然后用硬质合金铰刀铰至最后尺寸，推荐转速为 500 r/min。为防止劈裂和分层，需要在铰刀出口面加垫板。

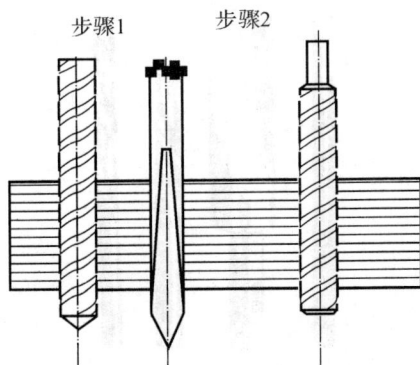

图 3.8　碳纤维复合材料制孔

4.碳纤维复合材料的锪窝

（1）使用金刚石或硬质合金锪窝钻，如图 3.9 所示，钻速为 2 000 r/min。

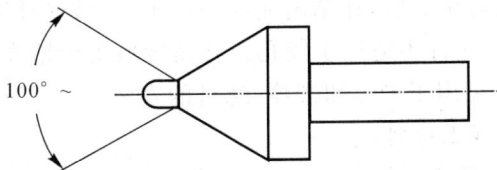

图 3.9　碳纤维复合材料锪窝钻

（2）锪窝钻应安装有窝的深度限制器。

5.去毛刺

（1）边缘毛刺可以用粒度为 240 的砂纸打磨去除。

（2）在碳纤维复合材料上用过的砂纸不应再用于金属上，同样，已用于金属上的砂纸也不应再用于碳纤维复合材料上。

三、Kevlar 纤维复合材料的机械加工

Kevlar 纤维结合了质量小、强度高的优点，比普遍使用的玻璃纤维直径更小且拉伸强度更高，易于在切割前变形和弯曲。当使用传统刀具时，这些现象就混合出现。鉴于上述原因，应使用新型的切割刀具来加工 Kevlar 纤维零件。

1. 刀具

剪切镗孔槽钻头,如图 3.10 所示刀具由波音/Vertol 公司研制,并且是波音公司的专利产品。剪切镗孔槽钻头是单槽、单终点钻。由于设计的缘故,能够通过内、外部剪切动作切断单纤维,因此减少纤维上的压缩应力而生成干净并精确的孔。钻头切割时不产生过量的摩擦热量以确保良好的孔的内部质量,同时降低树脂机体软化的机会,能够保持产生良好孔质量的轻微的进给压力。此类钻头直径范围为 0.062″~0.890″。小于 3/8″ 的钻头为整体硬质合金,而大于 3/8″ 的钻头为镶嵌式硬质合金,钻头的有效长度为总长 4″ 的 3/4。

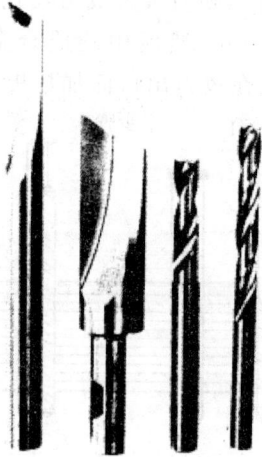

图 3.10 剪切镗孔槽钻头/硬质合金麻花钻

2. 在 Kevlar 纤维层压件上钻孔

(1)钻 $\phi2 \sim \phi12$ mm 的通孔。推荐转速为 800~40 000 r/mm,进给量为 0.01~0.06 mm/r。在钻孔前,为防止分层,在钻出面放一个木质、玻璃纤维层压件或同样的垫板。

(2)对于 Kevlar 纤维层压件不适用于铰孔。孔精度取决于钻头本身。

注:上述钻头直径必须是用于铆接和螺栓/螺钉的安装。

3. 在 Kevlar 纤维层压件上锪窝

(1)当在 Kevlar 纤维层压件上锪窝时,为防止分层和磨损,可用 YPM9197 医用白胶布或 YPM3021 压敏胶带遮蔽到需锪窝的孔表面上。

注:为了消除钻孔操作带来的分层、劈裂或磨损等钻孔缺陷,应尽可能在钻孔的钻出面锪窝。

(2)使用特制的硬质合金锪窝钻,如图 3.11 所示,钻速范围为 1 000~4 000 r/mim。

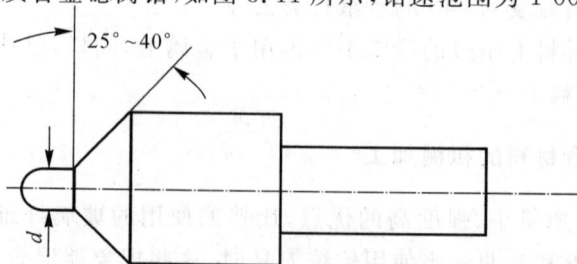

图 3.11 Kevlar 纤维层压件的锪窝钻

（3）为了防止因工具与零件接触时间长，增加层压件的磨损，锪窝钻在锪窝时进给量要快，锪好后迅速移开。

第七节　复合材料的质量检测与控制

复合材料制件的质量分为内部质量和外观质量两个方面。内部质量包括气孔、空腔、分层、夹杂物、裂纹以及蜂窝芯格的压塌、断裂、破损和节点开胶等，通过无损检测，即超声波和射线来检测和控制。外观质量包括表面划伤、表面凹坑、表面胶棱、贫胶、富胶等，通过目视来检查。

一、复合材料制件的内部质量检测

1. 超声波检验

超声波检验是检测复合材料层压件和蜂窝夹层件内部缺陷最广泛使用的方法。超声波检验是将高频率的声波传入受检零件，并整理返回信号以确定是否存在气孔、空腔、分层等内部缺陷。检验复合材料零件所使用的超声检验方式基本有 3 种。

（1）回波脉冲。这种方式中，超声波能量是使用同一个发生器发射并接受的。声能在超声波仪器上将时间和距离与波幅（反射的能量）联系在一起显示。始波被发射进入受检零件，又从内部的发射表面反射回来。如果没有遇到有效的反射层，始波即穿透受检零件的背面，而反射回到发射器上，同时吸收到的信号会显示在超声波的显示器上。这样，当进行适当的调整时，显示器即可显示前表面的信号、背面信号，以及来自前、后表面之间的任何状态的信号。

（2）穿透法。穿透法是超声能量由一个发生探头发射，而由另一个探头接受的，这个探头一般放在受检件的背面。

超声波的显示器显示一个来自接收器的信号，看不到来自零件内部的反射，显示器仅仅显示通过零件的波信号。如果受检零件的内部没有分层存在，则信号将会保持原定的高度。如果声波有一些不规则的中断，那么所吸收到的信号就会减弱，蜂窝结构只能用穿透法进行检验（某些回波脉冲也能对蜂窝结构进行检验，但一般仅限于层板蒙皮）。

（3）发射的穿透发射法。此法与穿透发射法是一样的，但只是在受检件的背面使用一个反射体而不是用接收器。目前，国内主要是使用回波脉冲法和穿透发射法进行复合材料的检查。使用的仪器有 USL 48 型超声波探伤仪、SUD 15SX 超声波探伤仪及 M—500 型 C 扫描系统。

2. 射线检测

（1）射线检测基本原理。当射线入射到物体上时，射线的光量子将与物质原子发生一系列相互作用，由于这些相互作用使射线被吸收、散射，导致投射射线强度减弱，低于入射射线强度，即射线在穿过物体时强度发生衰减，射线衰减的程度除了与射线的能量相关外，还与被透照物体的性质、厚度、密度等相关。如果物体局部区域存在缺陷，它将改变物体对射线的衰减，引起投射射线强度的变化。采用一定的检测器检测投射射线强度，就可以判断物体中是否存在缺陷。

（2）射线检测设备和主要材料。其包括 X 射线机，X 光胶片，显影粉、定影粉。

（3）检测对象及缺陷。

1）夹芯件：检查蜂窝芯格的压塌、断裂破损及节点开胶等；

2)层压件:检查纤维扭结皱褶、夹杂物、裂纹等。

二、复合材料制件的表面质量检查

复合材料制件表面质量通过目视来检查,表面质量的通用验收要求如下:

(1)表面划伤。若没有纤维损伤,表面树脂划伤是可以接受的。

(2)靠工装面与靠袋面的表面凹坑。

1)表面深度小于或等于 0.005 in 不管其位置或数量都是允许的。

2)凹坑深度大于 0.005 in 而小于或等于 0.009 in,长度小于或等于 1.0 in 是允许的。

3)凹坑深度大于 0.009 in 并小于或等于 0.020 in,且最小宽度大于 0.2 in 和长度小于或等于 1.0 in 是允许的。

(3)表面胶棱。

1)靠工装面(非配合表面)从 0.00~0.01 in 高的所有胶棱或皱折是允许的。

2)靠袋面(非装配表面)小于或等于 0.020 in 高的所有胶棱或皱折是允许的。

3)装配表面从 0.000~0.003 in 高的所有表面胶棱或皱折是允许的。

(4)可见的材料夹杂,夹杂材料长度一般要求不大于 12.7 mm。

(5)表面含胶(包括针孔),没有纤维暴露的任何表面含胶是允许的。

(6)富胶区,靠袋面或靠工装面的富胶区没有裂纹、针孔或空腔时可以接受。

(7)零件表面不允许有纤维铺层皱褶。

(8)零件变形,在至少 12 in 间隔处用 10 b(1 b=0.453 6 kg)的力测量,一般允许零件和检验夹具(装备)之间有 0.76 mm 的变形间隙。

(9)零件表面不平整,除了图样上允许的拼接或铺层终端引起的台阶,表面不平整应在 0.254 mm 以内。

(10)圆角处架桥,小于或等于 0.5 in 长的圆角处架桥是允许的。

(11)靠工装表面的印痕,从工装表面印过来的深度小于 0.127 mm,并且在表面处理后可以消除的印痕是允许的(如由于剥离层搭接引起的印痕)。

三、复合材料的力学性能

复合材料的力学性能主要通过测试随炉试板的性能来体现。

随炉试板必须与零件同批材料、同一工艺方法、同时在热压罐或烘箱内固化制造。原则上,随炉试板和零件在同一工装上制造,允许用传热效果等同的工装制造随炉试板。

按工程图样及验收技术条件规定制造随炉试板并进行相应的性能测试。

四、复合材料的质量控制

复合材料的生产环节众多,易受人员、环境、设备、材料、工艺过程等诸多因素影响,产品质量不稳定。因此,必须加强制造过程全面质量控制来保证复合材料的产品质量。复合材料生产质量控制要求如下。

1.人员质量控制要求

(1)从事复合材料生产的工人和检验人员应按要求通过培训和鉴定,经过考核合格的人员持有岗位资格证方可上岗操作。

（2）在生产过程中，严格执行工艺文件，执行工序检验和首件三检制度，遵守工艺纪律，做好产品原始记录。对在生产过程中出现的质量问题，不弄虚作假，及时向工（组）长反映，避免重复问题发生。

（3）坚持文明生产，做好经常性的整理、整顿、清扫和定置管理。

（4）积极参加工段（班组）的质量预防和质量改进活动。

（5）操作工应严格按工艺文件和图样要求，注意铺贴层数及铺贴方向，热电偶的安装是否符合温度分布图，真空袋是否漏气。同时应认真填写"复合材料制造质量控制记录"，并对其工作质量负责。

2. 设备质量控制要求

（1）烘箱、热压罐、下料机、投影仪等设备均应定期校验并处于合格有效状态，所有温度、压力、真空等仪器仪表也应定期校验并处于合格有效状态。

（2）设备操作人员需要经过培训考核并取得操作证方可操作设备。

（3）设备操作人员应准确掌握"三好四会"基本技能（三好：管理好、用好、维护修理好；四会：会使用、会保养、会检查、会排除故障）。做好设备日常保养与维护工作，保持设备的清洁、润滑、安全和良好的使用状态。

（4）操作人员应正确使用设备，严格遵守操作规程，熟练掌握所使用设备的性能。不得擅自变更设备使用范围，不得私自拆卸设备及备件，不得违章操作设备。每班班前要认真阅读上一班交班记录，检查设备及备件完好情况，确认设备完好无故障后，方可启动设备。班中认真按操作规程操作设备，同时做好设备润滑、冷却及切削清理工作。设备运转过程中，不得离开工作岗位。

3. 工装质量控制要求

（1）工装一律由工具室统一保管，操作人员需要借用时，凭工艺规程或零件制造指令办理借用手续。工艺装备使用完毕，当班返回工具室。工装的每次使用及返修情况应填入"工装使用记录卡"。

（2）使用工艺装备前，操作者要对所用工艺装备进行检查。工艺装备标志漆、鉴定期应该符合规定。工具应该完好无损、无锈蚀和变形。量具刻度线应该对零。

（3）操作者应该按使用要求正确、合理地使用工艺装备，防止磕伤、碰伤、划伤。不得随意拆卸工艺装备零部件；不得改变工艺装备形状尺寸，不得改变工艺装备使用性能。

（4）操作者发现工艺装备损坏或报废，应该按规定办理修理或报废手续。报废工艺装备不得在现场存放和使用。

4. 材料控制要求

（1）进入生产现场的材料，应经过有关检验部门人员进行技术鉴定和检验，并在材料合格证或零件过程卡上加盖检验印章。未经检验的材料不得进入生产现场。

（2）复合材料生产中用到的材料主要有主材料和工艺辅助材料。它们都有明确的贮存管理要求，特别是低温料的贮存条件和贮存期有着严格的规定，所有超期和不合格的材料禁止使用。

1）低温材料应存储在冷库中，标识要清晰且合格有效。使用材料时要及时填写低温材料使用记录卡，确保低温材料始终处于受控状态。

2）工艺材料按供应商说明贮存，贮存中应避免污染和其他损伤，带有腐蚀性的辅助材料应隔离存放。

(3)易燃、易爆物品及毒品等,要妥为保管,悬挂明显标志,不得接近热源、火源和电源。

5.环境控制要求

(1)控制污染区。复合材料生产中预浸料和胶膜等的切割、配套和铺贴等操作必须在控制污染区进行,以保证预浸料和胶膜等不受环境污染。控制污染区又称清洁间或净化间。该区域主要控制温度、相对湿度、空气清洁度,并保持室内有正压力差。

1)温、湿度要求。控制污染区温度应控制在18~30℃,相对湿度不大于65%。温、湿度必须进行24 h连续记录和打印。

2)正压要求。控制污染区内部相对于外部应有10~40 Pa的正压力差。

3)粉尘数量要求。对进入控制污染区的空气应进行三级过滤,保证控制污染区内10 μm和大于10 μm的粉尘数量不多于4个/L。用设置在控制污染区内的尘埃粒子计数器进行粉尘统计,控制污染区内的粉尘数量应每天进行检测(电脑自动显示),每周检查并记录一次。

4)压缩空气的要求。压缩空气源应通过油水分离器进行过滤,去除油、水、粉尘或其他污染物。

5)清洁要求。控制污染区允许的清洁方法有水拖洗或擦洗,溶剂清洗,真空吸尘等。

6)人员进出控制要求。人员应从风淋室进出控制污染区。进入风淋室前,应穿戴个人保护装备;在风淋结束后方可走出风淋室,进入控制污染区。

7)允许在控制污染区内实施的操作。

a.真空袋制备;

b.渗漏检查;

c.预浸料或胶膜的晾置调温、下料(剪裁)、切割、铺贴、工艺组合、装配和固化准备;

d.芯子的胶接和灌封;

e.允许从已固化的零件上去除剥离层,去除剥离层时应远离未覆盖的预浸料/未固化的胶膜至少3m。

8)控制污染区内禁止的行为。

a.禁止混合交叉作业(金属胶接操作和复合材料操作的混合交叉);

b.禁止吃(包括咀嚼口香糖和烟草)或喝东西、吸烟,在控制污染区外面张贴相应的禁止吃、喝东西和吸烟的标志;

c.禁止使用蜡、滑石粉、手膏、液体脱模剂、导电涂层和含未固化硅树脂的化合物及任何其他对胶接不利的材料;

d.禁止使用未经批准的清洗溶液和清洗程序;

e.禁止运转内燃机;

f.禁止在控制污染区里进行能产生大量粉尘的操作,如机加、打磨、钻孔、砂磨、铣切。

(2)环境监控区要求。

1)环境监控区可以作为一个单独的房间封闭起来,或者是厂房内部的一个区域,用墙壁、围栏等隔离2 m,没有正压要求。封闭区应有良好的通风装置。

2)温、湿度要求。温度:15~35℃;相对湿度:不大于75%。

3)环境监控区允许进行芯子加工,室温胶接,湿法铺层,芯子拼接、稳定、灌封和配套,泡沫胶使用,嵌件封装,一般性密封,芯子、表面处理过的零件和预固化的非金属零件的贮存等。

4)环境监控区内禁止的行为。

a.吃(包括咀嚼口香糖和烟草)或喝东西、吸烟;

b.存放和使用蜡、滑石粉、手膏、液体脱模剂、导电涂层和含未固化硅树脂的化合物;

c.在材料和零件上产生对胶接不利的污染,如灰尘、油和脂。

6.维护控制要求

(1)所有施工用的工具、工装、工作台等在使用前后均应清理干净。

(2)定期检查烘箱、热压罐、真空设备、通风设备、电源和电气系统,经常清除尘埃、污染物及胶斑。

7.质量控制要求

质量控制贯穿于整个复合材料生产过程,除制造过程中的各工序检验、完工产品检验外,还应进行专门的无损检测及性能测试等。

安全小提示

1.严禁乱动烘箱、热压罐等设备上的各类按钮、开关和阀门,特别严禁乱动超温、超压等报警系统,以免造成爆炸等安全事故。

2.复合材料机械加工时,操作人员应严格佩戴个人保护装备(防护口罩、护目镜、防护服等),以防止粉尘对裸露的皮肤和呼吸道的损害。

3.复合材料制造中,有危害性材料的废料处理,应采取正确的处理方法,不能随便丢弃,污染环境。

4.当操作人员使用预浸料时,应戴批准的手套,不要赤手接触预浸料,防止污染材料,同时保护双手皮肤不受损害。

5.不饱和聚酯树脂常温固化时,除了要用催化剂外,还要用促进剂。必须注意,催化剂和促进剂不可直接接触,直接接触会引起剧烈反应甚至爆炸。树脂加了促进剂后需要搅拌均匀才可加催化剂,否则,仍会引起爆炸。

6.当使用过氧化物催化剂时,注意只能使用非金属器具,因为金属器具容易产生微小的火星引起过氧化物爆炸。

思 考 题

1.什么是复合材料?复合材料有哪些优点和缺点?

2.什么是增强材料和树脂基体?它们各自有什么作用?

3.纤维增强复合材料界面包括哪几个方面的内容?简述复合材料的界面理论。

4.简述复合材料的成型工艺方法及特点。

5.湿法成型工艺有哪些优点和缺点?以玻璃钢零件的湿法成型为例,简述湿法成型的工艺流程。

6.简述复合材料结构件成型工艺过程。

7.预浸料、胶膜等低温材料有哪些贮存控制要求?

8.以 Frekote 700NC 脱模剂为例,简述脱模剂的使用方法。

9.复合材料结构件成型时,预浸料铺贴有哪些技术要求?

10.画出复合材料结构件典型制袋工艺组合图。

11.玻璃纤维复合材料和碳纤维复合材料机械加工有哪些技术要求?

12.请从人、机、料、法、环等几方面来简述复合材料生产的质量控制要求。

第四章　点焊和胶焊结构装配

第一节　概　　述

　　飞机薄壁结构的连接方法除铆接及胶接外,还有点焊以及由点焊与胶接组成的混合连接——胶接点焊(一般简称为"胶焊")。

　　铆接仍然是飞机机体的重要连接方法,铆接技术已经有了许多新的发展,但它固有的缺点依然存在。这主要表现为钉孔对材料的削弱和铆钉头的附加质量使结构质量较大;钉孔会引起应力集中,使疲劳强度降低;劳动量较大,特别是密封铆接比普通铆接的劳动量要大几倍;难以避免的手工铆接的强烈噪声和冷风造成铆接工人的职业病;阳极化膜因钉孔而受到破坏以及孔边的裂纹会引起腐蚀等。

　　胶接是一种先进的连接方法,其优点几乎正是克服了铆接的缺点。胶接应力集中最小,疲劳强度高,因而可以减轻结构质量;密封性好,表面光滑;劳动量显著低于铆接;成批生产时,成本也低于铆接。其主要缺点是剥离强度低;胶接质量的稳定性尚不如铆接,因而特别需要重视质量控制。

　　薄壁钣金零件用点焊连接,与用铆接及胶接相比较,具有生产率高、成本低的显著优点,比铆接结构质量小,表面也光滑些,显著地改善了劳动条件。但单纯的点焊虽然其静强度与铆接差不多,而疲劳强度却比铆接低约 20%。这可能是由于点焊接头有最大的应力集中系数,以及点焊周围热影响区内材料塑性显著降低,存在宏观裂纹等原因造成的(见图 4.1)。对铝合金材料来说,焊前和焊后都不能进行阳极化处理。因为焊前阳极化会使表面接触电阻过大,焊后进行阳极化,板材间隙中必然残留电解液,会造成腐蚀。此外,硬铝合金可焊性较差;质量检验方法较为复杂;不同材料不能点焊;零件厚度相差太大或三层以上的结构都不能进行点焊。

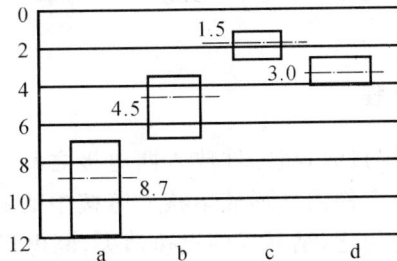

图 4.1　几种连接方法的应力集中系数

a—点焊;　b—铝铆钉;　c—胶接;　d—高强度干涉配合

　　为了解决铝合金焊件的阳极化问题并提高点焊结构的强度,发展了胶接点焊这一混合连接方法。胶焊与单纯点焊相比,具有一系列优点。由于胶焊结构的焊缝内有一层胶粘剂,故胶焊连接是综合了胶接与点焊两者优点的一种连接工艺。焊点周围,即焊缝间的胶粘剂具有良好的耐酸、碱性能及密封性能,这就允许胶焊后对铝合金装配件进行除油及阳极化处理,同时胶粘剂也提高了结构的连接强度。

高剪切强度的胶接和低成本的点焊相结合的胶接点焊,应用在飞机铝合金结构上,与点焊相比,其静强度及疲劳强度都有显著提高,并改善了耐腐蚀性能;与铆接相比,能降低成本和结构质量;与胶接相比,由于可以节省部分胶接夹具及基本设备投资,因此在成本上也会低于胶接。表4.1所示为某型机进气道前段制造成本的比较。

表 4.1　某型机进气道前段成本对照表

连接方法	加工费/元	材料费/元	装配费/元	平均单件成本/元[①]
手工铆接	4 560	1 191	2 040	7 791(为基准)
自动铆接	4 560(0%)	1 179(−1%)	1 685(−17%)	7 424(−5%)
手工胶接	4 560(0%)	1 204(+1%)	2 226(+9%)	7 990(+3%)
胶接点焊	4 435(−3%)	1 326(+11%)	1 182(−42%)	6 943(−11%)

①以批量为300件计的平均单件成本。

胶焊方法的研究始于20世纪50年代初期。为保证焊点质量,合理使用现有的点焊机设备,零件的表面准备要同单纯点焊一样,需进行酸蚀处理,以除去氧化膜,降低表面接触电阻。点焊后再注入胶液,胶液固化后进行阳极化处理。因此,焊缝内金属表面是靠胶层来保护的,焊缝外表面则靠阳极化膜来保护,这就是"先焊后胶"的方法,又称苏式胶焊法。

后来,胶焊方法得到欧洲各国的承认,也引起了美国的重视。自1962年起,美国经过15年的研究,成功地掌握了"先胶后焊"的方法,即美式胶焊法,并用于批量生产飞机。

在我国,1959年开始研究胶焊方法,1964年开始在飞机上进行试用。某教练机采用了70项104件共5 000焊点,其中包括原为铆接后改为胶焊的蒙皮-桁条结构;某型轰炸机有232项胶焊件,约30 000多焊点,减少铆接工作量15%~17%,改善了外形光滑度,减少了变形,提高了协调性。

第二节　点　焊

一、点焊原理和接头形成过程

点焊原理如图4.2所示。焊接时,将零件放入两电极之间,电极施加压力压紧零件后,电源通过电极向零件通电加热,在零件内部形成熔核。熔核中的液态金属在电磁力作用下发生强烈搅拌,熔核内的金属成分均匀化,结晶界面迅速消失,断电后在电极压力作用下凝固结晶,形成点焊接头。同时,在接头周围形成一个尚未达到熔化状态的环状塑性变形区,称为塑性环。塑性环的存在可防止周围气体侵入和液态熔核金属沿板缝向外喷溅。

可见,点焊是在电极压力作用下,通过电阻热来熔化金属,断电后在电极压力作用下结晶而形成焊接接头的。每完成一个接头称为一个点焊循环。普通的点焊循环包括预压、通电加热、冷却结晶和休止4个相互衔接的阶段,如图4.3所示。

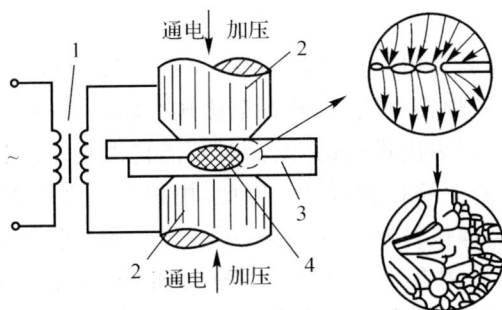

图 4.2　点焊原理

1—阻焊变压器；　2—电极；　3—零件；　4—熔核

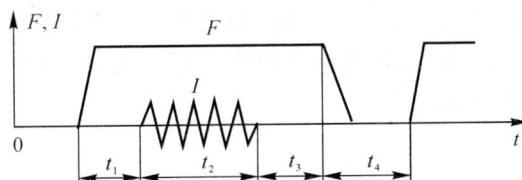

图 4.3　点焊时的焊接循环

F—电极压力；　I—焊接电流；

t_1—预压阶段；　t_2—通电加热阶段；　t_3—冷却结晶阶段；　t_4—休止阶段

1. 预压阶段 t_1

从电极开始下降到焊接电流接通这段时间为预压阶段。预压的目的是使零件间紧密接触，并使接触面上凸点处产生塑性变形，破坏表面的氧化膜，以获得稳定的接触电阻。若预压力不足，可能只有少数凸点接触，形成较大的接触电阻，产生较大的电阻热，接触处的金属很快熔化，并以火花的形式飞溅出来，严重时甚至可能烧坏零件或电极。当零件较厚、结构刚性较大或零件表面质量较差时，为使零件紧密接触，稳定焊接区电阻，可以加大预压力或在预压阶段施加辅助电流。此时的预压力通常为正常压力的 0.5～1.5 倍，而辅助电流则为焊接电流的 1/4～1/2。

2. 通电加热阶段 t_2

焊接电流通过零件并产生熔核的时间即为通电加热阶段。在预压力使零件紧密接触后，即可通电焊接。当焊接工艺参数合适时，金属总是在电极夹持处的两零件接触面上开始熔化，并不断扩展而逐步形成熔核。熔核在电极压力作用下结晶（断电），结晶后在两零件间牢固地结合。

通电加热阶段最易发生的问题是熔核金属飞溅。产生飞溅时，溢出了熔化金属，削弱了焊点强度，从而降低了接头的力学性能；同时还会使零件表面产生凹坑，污染工作环境，因此应力求避免飞溅的产生。形成飞溅可能有两种情况：一种是加热前期飞溅，它往往是加热速度过快或电极压力不足引起的，这时在熔核周围来不及形成保持熔核金属的塑性环，熔化金属在压力作用下就容易向外飞出；另一种是在加热后期发生的，若通电加热时间过长，熔化金属量过多，零件未熔化部分的厚度太薄，金属表面就会下陷，在熔核内产生过大的压力，使塑性环或金属表面破裂，熔核金属产生外溢而产生飞溅。

3.冷却结晶阶段 t_3

此阶段是指焊接电流切断后电极压力继续保持的一段时间,也称为锻压阶段。当熔核达到合适的形状与尺寸后,切断焊接电流,熔核在电极压力作用下冷却结晶。

熔核结晶是在封闭的金属膜内进行的,结晶时不能自由收缩,用电极挤压就可使正在结晶的金属变得紧密,使之不会产生缩孔和裂纹。因此,电极压力要在焊接电流断开、熔核金属全部结晶后才能停止作用。当焊接较厚零件($\delta > 1.5 \sim 2.5$ mm 铝合金,$\delta > 5 \sim 6$ mm 钢)时,因熔核周围的金属膜较厚,常采用在切断电流经间歇时间 $0 \sim 0.2$ s 后加大锻压力的焊接循环。如果锻压力施加得过早,就会挤出熔化金属而产生飞溅;若锻压力加得太迟,则会因熔化金属已凝固而失去作用。

4.休止阶段 t_4

此阶段是指电极开始提升到电极再次下降,准备在下一个焊点处压紧零件的过程。电极提升必须在焊接电流切断之后进行,否则电极间将引起火花,使电极烧损,零件烧穿。休止时间只适用于焊接循环重复进行的场合。

二、点焊的基本特点

1.点焊的基本特点

(1)零件间靠尺寸不大的熔核进行连接,熔核均匀、对称地分布在零件的贴合面上。

(2)点焊具有大电流、短时间、压力状态下进行焊接的工艺特点。

(3)点焊是热—机械(力)联合作用的焊接过程。

2.对点焊接头质量的一般要求

点焊的质量要求,首先体现在点焊接头要具有一定的强度,而强度主要取决于熔核尺寸(直径和焊透率)、熔核本身及周围热影响区的金属微组织及缺陷情况。为了保证点焊接头的质量,点焊接头的设计应能使焊接时具有尽可能好的焊接性。推荐点焊接头尺寸如表 4.2 所示。

表 4.2　推荐点焊接头尺寸

薄件厚度 δ/mm	熔核直径 d/mm	单排焊缝最小搭边 b/mm		最小工艺点距 e/mm			备注
		轻合金	钢、钛合金	轻合金	低合金钢	不锈钢、耐热钢、耐热合金	
0.3	2.5^{+1}	8.0	6	8	7	5	
0.5	3.0^{+1}	10	8	11	10	7	
0.8	3.5^{+1}	12	10	13	11	9	
1.0	4.0^{+1}	14	12	14	12	10	
1.2	5.0^{+1}	16	13	15	13	11	
1.5	6.0^{+1}	18	14	20	14	12	
2.0	$7.0^{+1.5}$	20	16	25	18	14	
2.5	$8.0^{+1.5}$	22	18	30	20	16	

续 表

薄件厚度 δ/mm	熔核直径 d/mm	单排焊缝最小搭边 b/mm		最小工艺点距 e/mm			备注
		轻合金	钢、钛合金	轻合金	低合金钢	不锈钢、耐热钢、耐热合金	
3.0	$9.0^{+1.5}$	26	20	35	24	18	
3.5	10^{+2}	28	22	40	28	22	
4.0	11^{+2}	30	26	45	32	24	
4.5	12^{+2}	34	30	50	36	26	

三、点焊方法

点焊分类方法有多种,点焊按所用焊接电流波形可分为工频点焊、电容贮能点焊、直流冲击波点焊、三相低频点焊和次级整流点焊;点焊按电极馈电方向在一个点焊循环中所能形成的焊点数可分为双面单点焊、单面双点焊、单面单点焊、双面双点焊、多点焊,如图4.4所示。

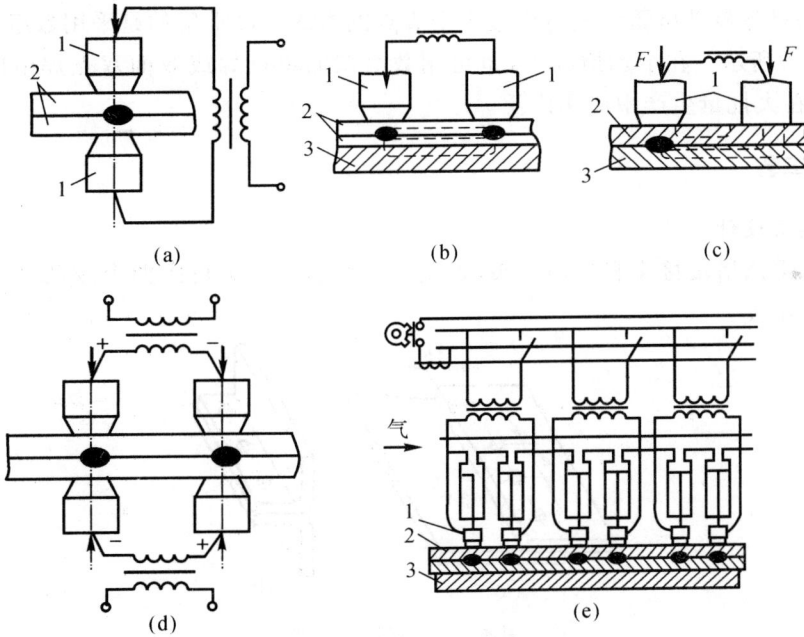

图 4.4　点焊方法示意图

(a)双面单点焊；　(b)单面双点焊；　(c)单面单点焊；　(d)双面双点焊；　(e)多点焊

1—电极；　2—零件；　3—铜垫板

1. 双面单点焊

如图4.4(a)所示,两个电极从零件上、下两面接近零件进行焊接。这种焊接方法能对零件施加足够的电极压力,焊接电流集中通过焊接区,因而可减小零件的受热范围,提高接头质量,应优先选用。

2. 单面双点焊

如图 4.4(b)所示,两电极位于零件一侧,同时能形成两个焊点。这种方法能提高生产率,能方便地焊接尺寸大、形状复杂和难以进行双面单点焊的零件。此外,还有利于保证零件的一面光滑、平整、无电极压痕。但此法焊接时,部分电流直接经零件形成分流。为给焊接电流提供低电阻的通路,通常采用在零件下面加铜垫板的措施,使焊接电流能均匀地通过上、下两零件,熔核不产生偏移。

3. 单面单点焊

两电极位于零件一侧,不形成焊点的电极采用大直径和大接触面以减小电流密度,仅起导电块的作用,如图 4.4(c)所示。这种方法主要也是用于不能采用双面单点焊的结构上。

4. 双面双点焊

如图 4.4(d)所示,两台焊接变压器分别对上、下两面的成对电极供电。两台变压器的接线方向,应保证上、下对准电极,在焊接时间内极性相反。这样,上、下变压器的二次电压成顺向串联,形成单一的焊接回路。在一次点焊循环中,同时形成两个焊点。这种方法的特点是分流小,焊接质量比较好,主要用于零件厚度较大、质量要求较高的构件。

5. 多点焊

这种方法是将零件压紧后同时焊接多个焊点的方法。最常用的是采用数组单面双点焊组成,如图 4.4(e)所示。在个别情况下,也可用数组双面单点焊或双面双点焊组成。多点焊的生产效率高,在大批量生产中应用广泛。

四、点焊工艺

1. 点焊接头设计

点焊通常采用搭接接头和折边接头,如图 4.5 所示。接头可由两个或两个以上等厚或不等厚度的零件组成。

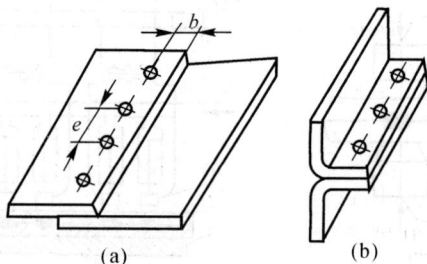

图 4.5　点焊接头形式
(a)搭接接头;　(b)折边接头
e—点距;　b—边距

2. 焊前清理

零件表面的氧化膜、油污等均属不良导体,这些因素的存在将直接影响热量析出、熔核形成及电极寿命,并导致焊接缺陷产生及接头强度降低,因此,焊前对零件表面进行清理是十分关键、重要的工序。目前,常用的清理方法有机械清理与化学清理。各种清理方法的选择,可按产量、材料、厚度、结构及对表面状态的要求而定。对采用任何方法清理过的零件,其存放时间都有一定限制,否则会重新生成氧化膜,失去表面清理的意义,因此,应严格规定存放时间。

3. 点焊工艺参数的选择

合适的工艺参数是实现优质焊接的重要条件。点焊工艺参数主要取决于金属材料的性质、板厚、结构形式及所用设备的特点(能提供的焊接电流波形和压力曲线)。点焊工艺参数主要包括焊接电流、通电时间、电极压力、电极工作端面的形状和尺寸,通常是根据零件的材料和厚度,并参考该种材料的焊接规范来选择的。

(1)焊接电流。焊接电流是点焊最主要的焊接参数。焊接电流的大小对接头力学性能的影响如图 4.6 所示。

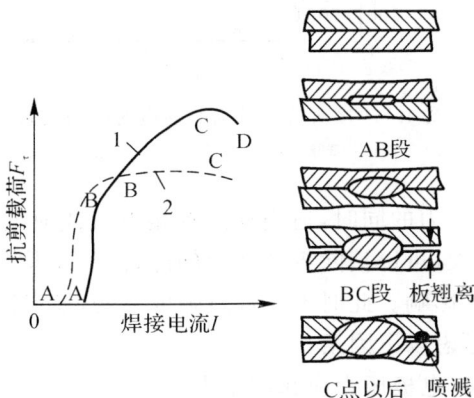

图 4.6　接头抗剪载荷与焊接电流的一般关系
1—板厚 1.6 mm 以上;　　2—板厚 1.6 mm 以下

曲线 AB 段是陡峭形。由于焊接电流小,不能形成熔核或熔核尺寸过小,因此,焊点抗剪载荷较低且很不稳定。曲线 BC 段平稳上升。随着焊接电流的增加,熔核尺寸稳定增大,抗剪载荷不断提高;临近点 C,由于板间翘离限制了熔核直径扩大,因而抗剪载荷变化不大。点 C 以后,由于焊接电流过大,加热过于强烈,引起金属过热、喷溅、压痕过深等缺陷,接头性能反而降低。图 4.6 所示还表明,焊件越厚,曲线 BC 段越陡峭,即焊接电流的变化对焊点抗剪载荷的影响越敏感。

点焊时焊接电流一般在数万安(A)以内。在实际生产中,由于电网电压的波动,多台点焊机同时通电焊接的相互干扰,分流及磁性零件伸入二次回路等原因,均可导致焊接电流的变化,有时变化率还相当大。目前,解决这一问题的最积极措施就是采用质量监控装置。例如,在采用 CU4800A 点焊微机控制器后,尽管存在以上各种干扰,但仍可保证焊接电流的波动在 2% 以内。

(2)通电时间(也称焊接时间)。通电时间对接头力学性能的影响与焊接电流相似,如图 4.7 所示。但应注意两点:第一,点 C 以后曲线并不立即下降,这是因为尽管熔核尺寸已达到饱和,但塑性环还可有一定扩大,因此一般不会产生喷溅;第二,通电时间对接头塑性指标影响较大,尤其对承受动载荷或有脆性倾向的材料(可淬硬钢、铝合金等),较长的通电时间将产生较大的不良影响。点焊时通电时间一般在数十周波(cyc)以内。

(3)电极压力。点焊时,通过电极施加在零件上的压力,一般要数千牛(N)。电极压力也是点焊的重要参数之一。电极压力过大或过小都会使焊点承载能力降低或分散性变大,尤其对拉伸载荷影响更甚。当电极压力过小时,由于焊接区金属的塑性变形范围及变形程度不足,造成因电流密度过大而引起加热速度大于塑性环扩展速度,从而产生严重的喷溅。这不仅使熔核形状和尺寸发生变化,而且还会污染环境和不安全,这是绝对不允许的。电极压力大使焊接区接触面积增大,总电阻和电流密度均减小,焊接区散热增加,因而熔核尺寸下降,严重时会出现未焊透缺陷。

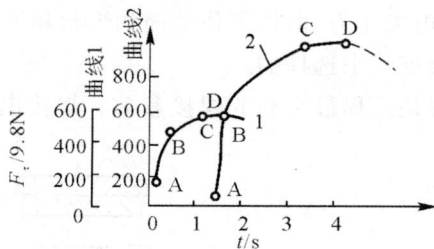

图 4.7　接头抗剪载荷与通电时间的关系
1—板厚 1 mm；　2—板厚 5 mm

　　一般认为,在增加电极压力的同时,适当加大焊接电流或通电时间,以维护焊接区加热程度不变。同时,由于压力增大,可以消除零件装配间隙、刚性不均匀等因素引起的焊接区所受压力波动对焊点强度的不良影响。此时不仅焊点强度不变,稳定性也大大提高。

电极压力的选择还应考虑以下因素：

1)高温强度愈大的金属,电极压力应相应增大。

2)焊接规范愈大,电极压力应相应增大。

为减少采用较大电极压力所带来焊接区的加热不足,可以采用马鞍形压力变化曲线。

(4)电极工作端面形状和尺寸。图 4.8 所示为锥台形电极端面直径 d_e 对熔透率 A 和熔核直径 d_s 的影响。d_e 增大时,由于电极与零件接触面积增大,使电流密度减小,散热效果增强,焊接区加热程度减弱,因而熔核尺寸小,焊点强度低。

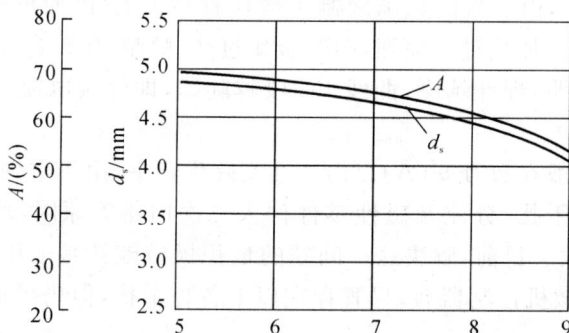

图 4.8　电极端面直径 d_e 对熔透率 A 和熔核直径 d_s 的影响

　　上述讨论是单一点焊参数对焊点强度的影响。点焊时,应考虑焊接工艺参数(主要指焊接电流、通电时间及电极压力)相互之间的制约关系,从而合理选择焊接参数,以求获得最佳的点焊质量。

五、常用金属材料的点焊

1.常用金属材料的点焊焊接性

焊接性是用来衡量金属材料在一定焊接工艺条件下,实现优质接头难易程度的尺度。判断金属材料点焊焊接性的主要标志如下：

(1)材料的导电性和导热性。电阻率小而热导率大的金属材料其焊接性较差。

(2)材料的高温塑性及塑性温度范围。高温屈服强度大的材料,点焊时塑性变形困难,易产生喷溅,这就要求选用热硬性好的电极和能提供大压力的设备。塑性温度区间较窄的材料(如铝合金),对点焊规范参数的波动非常敏感,这就对设备及其控制装置提出较高的要求。因此,高温塑性差、塑性温度区间窄的金属材料其焊接性较差。

(3)材料对热循环的敏感性。由于点焊热循环的作用,接头中出现某些焊接缺陷(如淬硬组织及冷裂纹、热裂纹、软化……)使接头承载能力降低,故易生成与热循环有关的焊接缺陷的金属材料,其焊接性较差。

另外,熔点高、线胀系数大、硬度高等的金属材料焊接性一般也差。

2.低碳钢的点焊

低碳钢点焊焊接性良好,无需特别的工艺措施,即可获得满意的焊接质量。

(1)焊前冷轧板表面可不必清理(允许有防锈油膜);热轧板应去掉氧化皮、锈。

(2)建议采用强规范。

(3)当板厚大于 3 mm 时,建议选用带锻压力的压力曲线,带预热电流脉冲的点焊方式。

(4)低碳钢属于铁磁性材料,当零件尺寸大时应考虑分段调整规范参数,以弥补因焊接回路过多而引起的焊接电流减弱。

3.可淬硬钢的点焊

从焊接性看,可淬硬钢的点焊性较差。由于含碳质量分数增加及合金元素加入,提高了碳当量。因此,淬硬钢点焊时焊接接头中喷溅、缩孔、裂纹等缺陷几乎很难避免。

(1)单脉冲软规范的应用条件及特点。焊前为退火、厚度小于 3 mm 的可淬硬钢,允许采用单脉冲软规范进行点焊。规范要点是用较长的焊接时间,电极压力、焊接电流均比低碳钢时要小得多。

(2)缓冷双脉冲规范的应用条件及特点。焊前状态为退火的母材,推荐采用缓冷双脉冲规范进行点焊,其焊接质量优于单脉冲软规范。

(3)回火热处理双脉冲规范的应用特点及条件。焊前状态为调质的母材,可以采用焊后随机回火热处理双脉冲规范进行点焊。

4.不锈钢的点焊

从焊接性能看,不锈钢点焊焊接性良好,尤其是电阻率高,热导率低,以及不存在淬硬倾向和不带磁性,因此无需特殊工艺措施,简单焊接循环即可以获得满意的焊接质量。

(1)可用酸洗、砂布打磨或毡轮抛光等方法进行焊前表面清理,但对用铅锌或铅锌模成型的零件必须采用酸洗方法。

(2)采用强规范、强烈的内部和外部水冷却,可显著提高生产率和焊接质量。

(3)由于高温强度大、塑性变形困难,应选用较高的电极压力,以避免产生喷溅和缩孔、裂纹等缺陷。

5.铝合金的点焊

铝合金点焊结构应用在航空、航天工业中,焊接质量要求较为严格。铝合金的点焊焊接性较差。

(1)表面清理。焊前必须对零件表面进行化学清洗,并规定焊前存放时间,以保证焊前零件表面具有较小的、稳定的接触电阻(一般不超过 $120\ \mu\Omega$)。

(2)电极。一般选用镉青铜合金,对较软的 LF21,LF2 铝合金也可以用 T2 冷崖紫铜;电极端头端面一律采用球形并注意经常清理;电极应冷却良好。

(3)采用强规范。这是由于铝合金具有良好的导电、导热性决定的,因此,功率强大的点焊机是焊接铝合金的基本条件。

(4)铝合金点焊循环特点。焊接电流应具有缓升、缓降的特性,使其起到预热和缓冷作用;电极压力应具有阶梯形或马鞍形的变化曲线。这样的曲线对防止喷溅、缩孔及裂纹等是至关重要的。

6.钛合金的点焊

由于钛合金具有高比强度,良好的腐蚀性、热强度及低温性等宝贵性能而获得广泛的应用,钛合金的热物理性质与奥氏体不锈钢相近,其点焊焊接性良好。

(1)表面清理。焊前对零件表面应进行仔细的化学清洗。

(2)电极。由于钛合金高温强度大,应选用热硬性良好的材料,点焊过程中可采用强烈的内部和外部水冷却。

(3)采用强规范并配以相应的电极压力,以避免产生凸肩、深压痕等外部缺陷。

(4)钛合金点焊时,由于熔核和热影响区冷速很大,会得到片状的钛马氏体组织,使接头的硬度提高、塑性降低和疲劳强度减小。因此,对钛合金采用退火处理,或者采用电极间回火热处理双脉冲点焊工艺,以提高接头塑性。

(5)钛合金点焊变形较大且不易矫形,因此要注意焊接顺序的合理性。原则上应由中间向两边焊或者采用对称刚性固定等方式。

7.镀锌钢板的点焊

镀锌钢板主要有镀锌板、镀铅板、镀铝板和镀锡板等。生产中常用到的是镀锌钢板和镀锌零件的点焊。镀锌板与普通钢板点焊相比,由于镀锌层的存在,不仅使焊接区的电流密度降低,而且使电流场的分布不稳定。焊接过程中容易造成电极粘损和镀层的破坏。同时,低熔点的镀锌层使熔核在结晶过程中产生裂纹和气孔。因此,镀锌钢板的合适点焊规范范围窄,接头强度波动大、焊接性较差。镀锌钢板点焊时应注意对焊接场地进行有效的通风,因为点焊时产生的烟尘对人体健康有害,大量吸入烟尘会出现热病和体温升高。

六、点焊设备和电极

1.点焊设备

点焊的设备应能以一定压力压紧零件,并向焊接区传送电流。它由机座、焊接变压器、加压机构及控制箱等几部分组成,如图4.9所示。

点焊机的种类很多,可按下列特征进行分类:

(1)按用途分为通用型、专用型和特殊型。

(2)按安装方式分为固定式、移动式或轻便式(悬挂式)。

(3)按焊接电流波形分为交流型、低频型、电容储能型和直流型。

(4)按加压机构传动方式分为脚踏式、电动凸轮式、气压式、液压式和复合式。

(5)按活动电极移动方式分为垂直行程式、圆弧行程式。

(6)按焊点数目分为单点式、双点式和多点式。

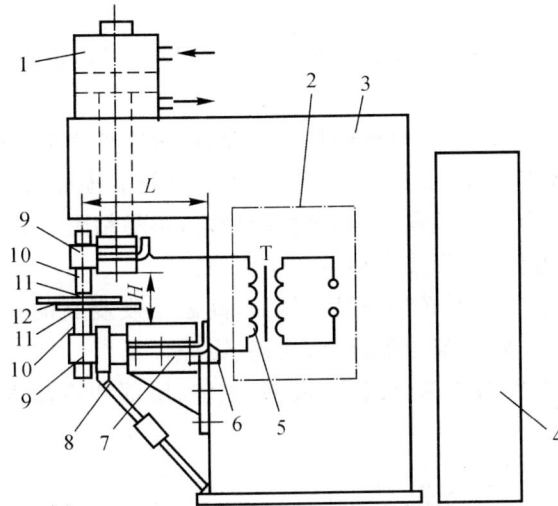

图 4.9 点焊机

1—加压机构； 2—变压器； 3—机座； 4—控制箱； 5—二次绕组；

6—柔性母线； 7—支座； 8—撑杆； 9—机臂； 10—电极握杆； 11—电极； 12—零件

典型点焊机主要技术参数如表 4.3 所示。

表 4.3 典型点焊机的主要技术参数

焊机类型	型号	特性	额定功率 kV·A	负载持续率 %	二次空载电压 V	电极臂长 mm	零件厚度 mm
摇臂点焊机	DN2－75		75	20	3.16～6.24	500	钢 2.5＋2.5
	SO432－5A		31	50	2.5～4.6	250～500	钢 2.5＋2.5
直压点焊机	SDN－16	工频	16	50	1.86～3.65	240	钢 3＋3
	DN－63		63	50	3.22～6.67	600	钢 4＋4
	DN2－100		100	20	3.65～3.70	500	钢 4＋4
	DN2－200		200	20	4.42～8.85	500	钢 6＋6
移动点焊机	C130S－A2	工频	150	50	14～19	200	钢 3＋3
	KT－826		26	50	4.7	170	钢 3.5＋3.5
	KT－218		2.5	50	2.3	115	钢 2.5＋3
摇臂点焊机	DZ－63	整流	63	50	3.65～7.31	500	钢 3＋3 铝 1＋1
直压点焊机	P260CC－10A		152	50	4.52～9.04	1 000	钢 6＋6 铝 3＋3
三相点焊机	P300DT1－A	低频	247	50	1.82～7.29	1 200	铝合金 3.2＋3.2
储能点焊机	DR－100－1	储能	100J	20	充电电压 430	120	不锈钢 0.5＋0.5

2.电极

(1)电极材料。电极的作用是对零件施加压力并向焊接区传输电流,因此,电极材料应满足如下要求:

1)高的电导率和热导率,以延长电极的使用寿命,改善零件表面受热状况。

2)高温下的强度和硬度要高,以具有良好的抗变形和抗磨损能力。

3)高温下与零件形成合金的倾向小,物理性能稳定,不易粘附。

4)材料成本低,加工方便,变形或磨损后便于更换。

选择电极材料时,上述要求不必都满足。例如,高温下硬度高的材料,往往导电性能和导热性能都较差。电极材料主要是铜和铜合金,或钨、钼等。

(2)电极结构。点焊电极由4部分组成:端部、主体、尾部和冷却水孔。标准电极(即直电极)有5种形式,如图4.10所示。

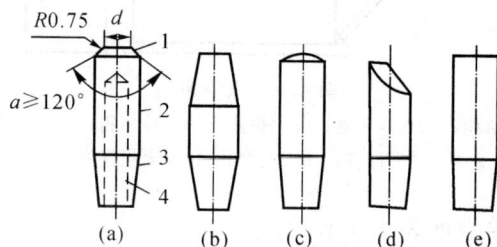

图4.10　标准电极形状

(a)锥形电极;　(b)夹头电极;　(c)球形电极;　(d)偏心电极;　(e)平面电极

1—端部;　2—主体;　3—尾部;　4—冷却水孔

为了满足特殊形状零件点焊的要求,有时需要设计特殊形状的电极,如图4.11所示。图4.11(a)所示为普通弯电极;图4.11(b)所示为尾部和主体刻有水槽的弯电极,目的是使冷却水流到电极的外表面,以加强电极的冷却,这种电极常用于不锈钢和高温合金的点焊;图4.11(c)所示为增大横断面的电极,目的是加强电极端面向水冷部分的散热。

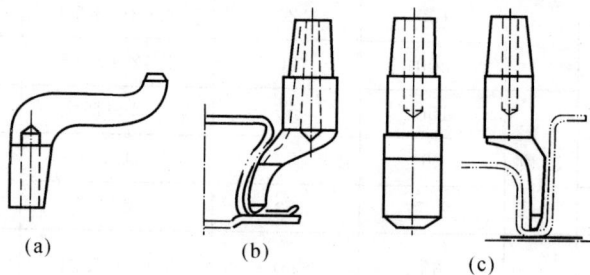

图4.11　特殊形状的电极

(a)普通弯电极;　(b)刻有水槽的弯电极;　(c)增大横断面的电极

七、点焊质量的控制

1.技术要求

(1)零件表面状态的检查,包括零件表面酸洗电阻、零件材料、零件表面状况、零件表面划伤情况等。点焊前要检查零件或试片的接触电阻,总的接触电阻应小于或等于120 $\mu\Omega$。

（2）检查焊点的分布情况,焊点间距有无较大的间距偏差,并严格地控制间距偏差不大于±2 mm;边距偏差不大于±1 mm。

（3）全部焊点区域应符合电极的标准形状。

（4）焊点的凹陷深度不超过被焊零件单个厚度的15%。

（5）焊点的焊透率为40%~80%(不同的机型要求不同)。

2.点焊接头的分级

一级:承受很大静载荷、动载荷或交变载荷,接头的破坏会危及人员的生命安全。

二级:承受较大静载荷、动载荷或交变载荷,接头的破坏会导致系统失效,但不会危及人员的生命安全。

三级:承受较小的静载荷或动载荷的一般接头。

三个等级的接头反映了不同的使用要求,因而也具有不同的质量检验标准。

3.点焊接头的主要质量问题及改进措施

点焊接头的质量要求首先体现在接头应具有一定的强度,这主要取决于熔核尺寸(直径和焊透率)、熔核和其周围热影响区的金属显微组织及缺陷情况。多数金属材料的点焊接头强度仅与熔核尺寸有关。点焊主要质量问题及改进措施参见表4.4。此外,由于毛坯准备不好、组合件装配不良、焊机电极臂刚性较差等原因会造成点焊焊接结构缺陷,这种缺陷也会带来质量问题,甚至出现废品,如表4.5所示。

表4.4　点焊接头的主要质量问题及改进措施

名称	质量问题	产生的原因	改进措施
熔核尺寸缺陷	未焊透或熔核尺寸小	电流小,通电时间短,电极压力过大	调整规范
		电极接触面积过大	修整电极
		表面清理不良	清理表面
	焊透率过大	电流过大,通电时间过长,电极压力不足	调整规范
		电极冷却条件差	加强冷却,改换导热好的电极材料
外部缺陷	焊点压痕过深及表面过热	电极接触面积过大	修整电极
		电流过大,通电时间过长,电极压力不足	调整规范
		电极冷却条件差	加强冷却
	表面局部烧穿、溢出、表面喷溅	电极修整得太尖锐	修整电极
		电极压力不足或电极与零件虚接触	提高电极压力,调整行程
		电极或零件表面有异物	清理表面
	焊点表面径向裂纹	电极压力不足,锻压压力不足或加得不及时	调整规范
		电极冷却作用差	加强冷却
	焊点表面粘损	电极材料选择不当	调换合适电极材料
		电极端面倾斜	修整电极
	焊点表面环形裂	焊接时间过长	调整规范

续 表

名称	质量问题	产生的原因	改进措施
外部缺陷	焊点表面发黑,包覆层破坏	电极、零件表面清理不良	清理表面
		电流过大,焊接时间过长,电极压力不足	调整规范
	接头边缘压溃或开裂	边距过小	改进接头设计
		大量喷溅	调整规范
		电极未对中	调整电极同轴度
	焊点脱开	零件刚性大且装配不良	调整板件间隙,注意装配;调整规范
内部缺陷	裂纹、缩孔、缩松	焊接时间过长,电极压力不足,锻压力加得不及时	调整规范
		熔核及近缝焊区淬硬	选用合适的焊接循环
		大量喷溅	清理表面,增大电极压力
	核心偏移	热场分布相对贴合面不对称	调整热平衡
	结合线伸入	表面氧化膜清理不良	高熔点氧化膜应严格清除并防止焊前的再氧化
	板缝间有金属溢出(内部喷溅)	电流过大、电极压力不足	调整规范
		板间有异物或贴合不紧密	清理表面、提高压力或用调幅电流波形
		边距小	改进接头设计
	脆性接头	熔核及近缝焊区淬硬	采用合适的焊接循环
	熔核成分宏观偏	焊接时间短	调整规范
	环形层状花纹	焊接时间长	调整规范
	气孔	表面有异物(镀层、锈)	清理表面
	胡须	耐热合金焊接规范过软	调整规范

表 4.5　焊接结构缺陷

缺陷种类	产生的原因	改进措施
焊点间板件起皱或鼓起	装配不良、板间间隙过大	精心装配、调整
	焊序不对	合理焊序
	机臂刚度差	增强刚性
搭接边错移	没定位点焊或定位点焊不牢固	调整定位点焊规范
	定位点焊点距过大	增加定位点焊点
	夹具不能保证夹紧零件	更换夹具

续 表

缺陷种类	产生的原因	改进措施
接头过分翘曲	装配不良或定位点焊距离过大	精心装配,增加定位点焊点数量
	规范过软,冷却不良	调整规范
	焊序不对	合理焊序

4. 允许点焊缺陷及数量(见表 4.6)

表 4.6　焊点修补要求

缺陷名称		允许的缺陷点数	修补方法
内部缺陷	1. 未焊透或局部未焊透(焊点核心直径不够)	不得超过制件焊点总数的 5%	1. 在缺陷点原位置补焊一次;2. 钻掉缺陷点补铆铆钉
	2. 焊点内部裂纹或孔穴	缺陷范围未超过焊点核心直径的 1/3,且未扩展到表面时,这样的点数不限;缺陷范围超出焊点核心直径的 1/3 的点数不能大于制件点数的 3%	缺陷范围小于焊点核心直径的 1/3 者不排除;缺陷范围大于焊点核心直径的 1/3,补铆铆钉
	3. 内部飞溅或外部飞溅	缺陷点在型材面上的不得超过制件总数的 5%,缺陷点在蒙皮面上的不得超过制件总数的 3%;均不准有连续的缺陷点,内部飞溅算型材面上的缺陷	如果超出指标时,必须钻掉缺陷点补铆铆钉,补铆的铆钉数目不得超过焊点总数的 10%
外部缺陷	4. 焊点外部裂纹	不得超过制件总数的 3%	钻掉缺陷点,补铆铆钉
	5. 核心表面出现铸造组织	不得超过制件总数的 5%	在离开缺陷点左右半个点距外补铆钉
	6. 焊点表面发暗(黑)	不得超过制件总数的 10%	机械打磨光
	7. 焊点边缘处基本金属裂开	不得超过制件总数的 2%	用氩弧焊补焊
	8. 烧穿	单个制件上不得出现 2 处,直径不大于 20 mm	机械清理孔边氩弧焊补焊
	9. 焊点脱落	单个制件上不得出现 3 点	钻掉缺陷点补铆铆钉或锉修孔边缘,氩弧焊补焊

5. 检验过程控制

点焊时在焊接开始、焊接过程、焊接结束均应对焊接质量进行检查,并焊试片进行低倍检查及零件表面的外观检查。点焊后按《X 射线检查说明书》用 X 光透视检查,制件的每条焊缝上 X 光照射的焊点数不少于 50%,如果有疑问应做 100% X 光照射检查,在每批制件中至少抽 3 件对焊点做 100% X 光照射检查。焊接过程中,检验人员按照质保文件应做好原始记录并将其归档。

八、典型焊接工艺过程

典型焊接工艺过程一般是由焊前零件表面准备、检查零件及试片的接触电阻、装配定位、划焊点位置线、焊前检查、选择焊接参数、定位点焊、点焊组合件及剪切试样、X 光检查焊点质量、排除焊点缺陷等 10 个工序组成的。

1. 焊前零件表面准备

点焊工序的第一步,因为点焊对零件的表面电阻要求较为严格,所以焊前零件的表面准备主要是酸洗和打磨试片,去除零件表面的油封和氧化膜。

2. 检查零件及试片的接触电阻

此工序主要用来检查零件及试片的酸洗质量,以保证焊接质量。按照有关文件要求零件及试片的表面酸洗电阻小于或者等于 120 $\mu\Omega$。如果大于 120 $\mu\Omega$,则要求机械打磨,但是机械打磨后的零件必须在 24h 内焊接完毕。

3. 装配定位

此工序应严格按照图样和工艺文件要求进行,用工装可以保证装配的精度,并用铆钉进行定位。要求装配后的间隙不大于 1 mm。如果局部大于 1 mm,用手可以压合则可以。

4. 划焊点位置线

焊点位置线的分布要与图样相符,焊点位置线的偏差为横向±2 mm,纵向±2 mm。焊点间距按照图样规定执行。

5. 焊前检查

焊前检查主要检查零件厚度、材料、状态等是否与试片具有相同的状态,检查上一步工序的检验印章、时间以及零件的标识。

6. 选择焊接参数

焊接参数应根据材料的厚度、表面酸洗状况以及网路气压等进行选择。焊接试片进行有关的检查,直至达到要求的焊接直径、焊透率以及表面压痕等。

7. 定位点焊

为了减小焊接变形和分流等因素对零件的外形尺寸影响,建议焊接前应进行定位点焊,间距为 150~200 mm。

8. 点焊组合件及剪切试样

在焊接组合件的过程中,为了检查焊接参数的稳定性和焊接质量情况,在点焊开始、结束以及焊接过程中要焊剪切试样。

9. X 光检查焊点质量

X 光是一种无损检测手段,主要用来检查焊点内部有无裂纹、飞溅等内部缺陷。

10. 排除焊点缺陷

根据有关文件和设计要求对焊点缺陷进行排除,一般是在飞溅点、裂纹处补铆铆钉。

第三节 胶 接 点 焊

目前,点焊技术和胶接技术已广泛应用于许多构件的连接中。点焊结构具有质量轻、强度高、性能稳定的优点,但点焊接头受载时在焊点处存在较大的应力集中,点焊搭接接头中存在附加力矩,搭接区内表面上还存在腐蚀问题,这些不利因素导致点焊结构疲劳性能很差,限制了点焊技术在航空、航天等工业领域的应用。与此相反,胶接接头具有优良的疲劳性能,但其静强度特别是剥离强度差,耐热性不好,胶层的老化和脆化还会使接头性能进一步下降。由此可见,点焊和胶接结构在力学性能上具有互补性。为了改善点焊结构的疲劳性能,提高胶接接头性能的可靠性,出现了将点焊和胶接复合起来的新工艺——胶焊工艺,即胶接点焊。

胶焊接头不仅具有点焊接头质量轻、静强度高、可靠性好的优点,又具有胶接接头良好的疲劳特性和密封性(可使铝件进行阳极化处理而不腐蚀焊点),力学性能十分优良。同铆接相比,胶焊结构质量轻,接头外形光滑,能提高飞行器外形的平滑性和气密性,改善气动力性能,这一优点对于航空、航天工业尤为重要。

胶焊结构已在国内外多种类型的飞机上得到了应用。如美国的每架 A—10 飞机上都安装了 5 块胶焊机身壁板以代替原来的胶接壁板,每块胶焊壁板的费用仅为纯胶接壁板的 10%～20%。我国的运—7 飞机上有近 50 000 个焊点的机身板件采用了胶焊连接,胶焊结构主要用于框、肋、口盖及蒙皮-桁条式壁板。后者优点更为突出,因为在设计上可提高强度质量比,工艺上注胶工作也更易进行。胶焊比纯胶接或单纯点焊增多了工序,工艺过程也比较复杂,成本约比纯点焊高 3 倍。因此,对一些受力不大的组合件,一般都设计成纯点焊结构,焊后用涂漆保护表面。对受力较大并要求阳极化处理的装配件,采用胶焊结构比较合适。

一、胶焊常用方法

胶焊法根据涂胶施工情况可以分为先焊后胶法、先胶后焊法和胶膜法三种。

1. 先焊后胶法

20 世纪 50 年代初期,苏联为了解决铝合金点焊后阳极化产生的腐蚀问题,首先提出了胶焊的方法。在设计上,由焊点承受 100% 的载荷,胶层只起密封、防腐和补强作用。工艺上焊后涂胶,这就是"先焊后胶"法,又称苏式胶焊法。先焊后胶的工艺过程:预装配—表面清理—装配和定位—点焊—检验—注胶—晾置—固化—检验—阳极化处理,如图 4.12(a)所示。

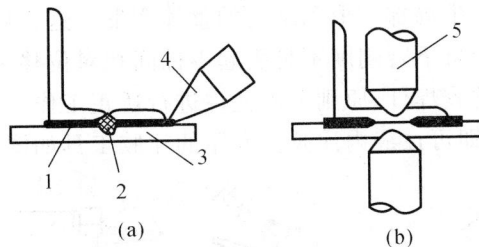

图 4.12　胶焊连接方法

(a)焊后涂胶；　(b)焊前涂胶

1—胶层；　2—焊核；　3—零件；　4—注胶笔；　5—电极

预装配是为了检查零件配合面的间隙,其要求比纯点焊更高,因胶层厚度对接头强度有直接影响。经验表明,零件的配合间隙一般不应大于 0.5 mm,点焊后的间隙应不大于 0.1～0.3 mm,间隙太小会造成渗胶困难,最小不能小于 0.02 mm。

表面清理也比纯点焊要求高,因为它不仅要保证点焊时的接触电阻等要求,还要为胶接提供一种稳定而耐久的表面。

　　国内常用的表面处理方法是磷酸钝化。其配方是工业正磷酸(H_3PO_4)300～350 g/L;工业重铬酸钾($K_2Cr_2O_7$)0.1～10 g/L;加水至1L。对包铝合金 LY12,LC4 在 20～30℃ 的上述溶液中处理 15～30 min,对非包铝合金则缩短 20%～25% 的时间,对 LF21,LF2 等材料则延长处理时间 20%～25%。重铬酸钾的比例很重要,试验证明,小于 0.1 g/L 时,湿热老化性能显著下降。大气曝晒试验说明,这种处理方法具有良好的稳定性。

　　在实验室及单件生产中,只需除油处理就可以,但焊前必须进行机械打磨,在 2～3 h 内进行点焊。

　　对某些不耐湿的胶,磷酸钝化后,也要对焊点进行机械打磨,否则会引起胶层翘边。热水清洗时间及冷热水交替时间不当都会引起翘边。这些情况说明,前述的表面处理方法是不够理想的。

　　美国的研究认为,胶焊所要求的铝合金表面应当是一层较薄的 α-Al_2O_3·H_2O,它能阻止铝表面与湿气反应,否则就会形成一种 β-Al_2O_3·$3H_2O$,它与基体粘附很差。

　　铝合金点焊用的表面处理方法,如硫酸钠-硝酸溶液,能为电阻焊产生一个良好的表面,其氧化膜为 β-Al_2O_3·H_2O,其厚度为 50～1 000Å($1Å=10^{-9}$ m),这种氧化膜的表面电阻为 30～100 $\mu\Omega$,适合于点焊,但对胶接来说却是不耐久的。

　　在铬-硫酸浸蚀(FPL)法的基础上发展出来的 FPL-重铬酸盐填充法,能获得 400～700Å 厚的 α-Al_2O_3·H_2O 表面,既具有一致的焊接性能,又具有更为稳定和耐久的胶接性能。

　　低电压(1.5 V)磷酸阳极化,或称磷酸-重铬酸钠阳极化处理法,能获得接触电阻较低、耐腐蚀性又好的胶接表面。

　　纯点焊及先焊后胶工艺要求表面接触电阻不大于 80～120 $\mu\Omega$。如果是先胶后焊,则表面接触电阻要求为 40～50 $\mu\Omega$,这是因为残留的胶液会增加接触电阻,使之达到 100～120 $\mu\Omega$。

　　零件焊接前的装配方法和铆接装配基本相同。可以按划线、按装配孔、按样板(或模胎)和按装配夹具来确定零件间相互位置,并用铆钉、螺钉或其他夹紧件固定。

　　点焊工艺与纯点焊完全相同。用工艺试片进行试焊,经检验合格后才正式点焊。

　　焊件在点焊后有可能产生局部变形和结构的整体变形。这主要是由于焊接区加热及冷却不均引起的。有时也会因焊机下臂刚度不足引起零件间相对位移。对结构的变形必须在涂胶前进行矫正。已涂有胶层的胶焊件,原则上不允许进行矫正工作。

　　点焊质量检验合格后,即可往缝内注胶。专用的注胶工具如图 4.13 所示。

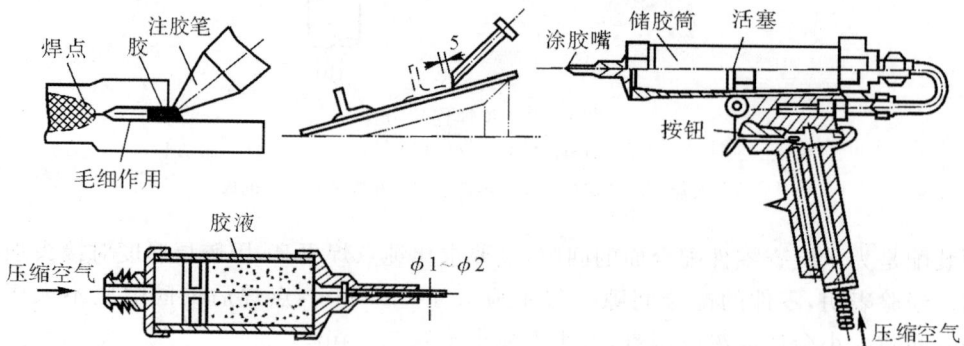

图 4.13　注胶笔的应用和注胶枪

注胶用的压缩空气应经油水分离器提纯处理。胶液借毛细作用渗入间隙。为保证胶液填满间隙,必要时,隔 20 min 再在搭接边缘另一边补注胶一次。经验表明:搭接宽度不大于 80 mm 的情况下,可从一边注胶。

在注胶过程中,为避免胶液流到其他表面,使胶条外形美观和易于充填,宜将零件倾斜 15°～45°。如注胶后发现胶梗处有气泡,必须在胶液未干前,将气泡用针刺穿。

对含有溶剂的胶,固化前需要在室温下晾置一定时间,以使溶剂充分挥发,同时也有预固化作用,以减少固化过程中胶的流动性。未经预固化的胶容易流失而弄脏零件和设备。预固化的时间应适当,以手触胶不沾手为宜。如 E-3 胶预固化需 24 h。

按所选用胶粘剂的规范进行固化,随炉冷却至 40℃后取出。固化时一般不需再加压。

如有的胶(如 SY-201)不能在室温下预固化,固化时可能会产生流胶,固化后应清理残胶。也可用粘性胶带在固化前贴在胶缝周围。

经检验后,进行胶焊件的防护处理。防护处理方法除阳极化外,还可进行磷化处理、涂漆或是阳极化(磷化)后再涂漆。

胶焊件在阳极化处理时,除油工序时间应缩短至 30s,以减少脱胶的可能性。对板材和型材组成的结构,可按板材来选定阳极化规范。生产实践证明,这样可得到满意的抗腐蚀性能。磷化处理对胶层影响较小,但只能用于不需耐磨和对颜色无特殊要求的场合。涂漆方法最简单,胶层和焊缝都不受任何影响。

先焊后胶工艺缺点是搭接面的宽度受到限制。由于点焊后搭接面不平滑,当宽度超过 40mm 时,胶液不容易渗透到整个搭接面而形成缺胶。先焊后胶工艺优点是方法简便,质量容易保证,多余的胶液也易于清除。为此,目前国内多采用此种方法。

2. 先胶后焊

1962 年美国开始研究胶焊法,经过 15 年的研究,解决了三大技术关键:发展了低电压磷酸-重铬酸钠阳极化表面制备法;研制了适于点焊的糊状胶粘剂,这种胶粘剂在电极压力下很容易排开,对点焊质量没有不良影响,120℃固化,固化时仅需接触压力,因此工艺费用很低,只有纯胶接的 1/5;成功地研制出在带有焊核膨胀量闭环测量反馈系统的微处理机控制装置,最后于 1980 年开始用于批量生产飞机。这种美式胶焊法,在设计上主要由胶层承受载荷,焊点起胶层固化时的定位、加压作用,工艺上焊前涂胶,又称"先胶后焊"法,如图 4.12(b)所示。

先胶后焊的工艺过程:预装配—表面清理—涂胶—装配及定位—点焊—固化—检验—阳极化处理。

与先焊后胶工艺相同的工序不再赘述。这种方法所用的胶是不加溶剂的,粘性较大,零件涂胶后不需晾置,应立即叠合放置,这样可以延长胶液的活性期。此处所指的活性期是自胶液配好后,到点焊时胶液难以在电极压力下被挤开的时间。

一般只需在一个被焊零件的配合面上涂胶,注意涂胶量应适当。过少则缺胶而填不满焊缝;过多则易流失,弄脏零件或污染电极。

先胶后焊的关键工序是焊接。由于有胶粘剂存在,可能使接触电阻增大到 1 000 μΩ。若仍沿用普通焊接规范,必然增加产生飞溅的倾向。因此,必须采取特殊的焊接规范:

(1)电极的球形顶端半径应加大(如从 100 mm 加大到 150 mm),以减小电流密度和飞溅。

(2)电极压力应加大(一般增加 15%～20%),以减小接触电阻。

（3）为防止产生飞溅，必须较缓慢地增加电流，以渐增热量（例如电流渐增时间为普通点焊的 1.5 倍）。

（4）为减少焊核开裂的可能性，需加大锻压力（一般为普通电焊的 1.3～1.7 倍）。

（5）由于胶层减小了分流，所以焊接电流可减少 5%～20%。

为了保证质量及其稳定性（或可靠性），点焊过程的自动控制装置是极为重要的。

先胶后焊工艺对零件搭接缝宽度和产品的几何形状等其他参数没有特别限制，但它适合于大宽度多排焊点的焊缝及波纹板等结构形式，这些结构如采用先焊后胶工艺，不仅注胶不方便，而且质量也难保证。但先胶后焊工艺对工作环境要求较严，一般要求在温度不低于 15℃和相对湿度不高于 75% 的条件下完成涂胶和点焊工序，因为温度、湿度直接影响胶液的活性期。此外，工艺麻烦，在胶液活性期末尾不易形成优质焊点。挤出的余胶易沾污零件及电极，因此要经常清理电极。再者，较之先焊后胶时未注胶的结构更难矫正焊接变形。因此，必须具有自动控制装置和相应的措施才能采用先胶后焊工艺。

3. 胶膜法

胶膜法是在胶接点焊的接合面中间夹一层胶膜，然后在需要点焊的部位将胶膜钻（或冲）一个比焊点略大的孔，再进行点焊，最后进行固化的方法。

胶膜法由于目前还没有性能可靠、质量稳定的胶膜品种，故较少采用。现采用最多的是先焊后胶的方法，而且已研制出多种专供先焊后胶的胶粘剂，被称为点焊胶。

目前，胶接点焊法已得到推广应用，尤其在零件制造上，已成功地应用在航空工业飞机的制造方面。胶接点焊法也用于破损零件的修复，如修复铸件的长裂纹、孔洞和薄形钢板的密封结构部位。在修复过程中，一般也是先焊后胶。焊点距离通常为 40～60 mm，对受力较大的部位可控制在 30 mm 左右。每个焊点必须要焊透，并且彻底清除焊渣之后再进行涂胶。当修复较长的裂纹时，要避免零件因长时间受热而产生应力收缩，造成再次裂损。另外，对一些较厚的零件应考虑在裂纹上开坡口槽。

二、胶接点焊用胶粘剂

1. 对胶接点焊用胶粘剂的要求

胶焊用的胶粘剂，除了与一般结构胶接用胶粘剂有共同要求外，还有特殊的要求，具体如下：

（1）胶液应具有良好的润湿性和流动性。先焊后胶用胶的流动性应更大些，以利于渗入和充满间隙。这类胶一般都含有溶剂，以便增加流动性，但溶剂不宜过多，否则挥发不好易出现气孔。

先胶后焊用胶的粘度应稍大些，要有一定的触变性，以防止流胶，又要求能在电极的压力下良好地排挤开。一般不加入溶剂，而加入适当的填料（如炭黑等）。

（2）应具有足够长的活性期，以保证在凝固之前完成涂胶或点焊过程。

（3）固化温度以不改变金属性能为准，一般应在 120℃ 以下固化。要求固化时仅需接触压力。

（4）固化后的胶层弹性及密封性要好。要求弹性好，胶层不易破损，疲劳性能好。试验说明：用高剥离性能低模量的胶粘剂制得的接头，其剪切强度比用高剥离性能高模量胶粘剂制得的接头要高。密封性好，有利于防止阳极化时电解液浸入。

（5）在阳极化处理时所用的酸碱溶液中，应具有足够的化学稳定性，应能有效地封闭胶缝，避免湿气浸入。应能防护金属基体，至少对基体无害。

（6）要求胶粘剂不污染电极，不妨碍焊接，在电极压力下易从焊点处被挤开，不致被焊接过程中的热所炭化或形成气态的分解物。

2.常用的胶接点焊用胶粘剂

国内广泛采用的点焊胶是 425 胶。425 胶是由粘度低、环氧值高的双酚 A 型环氧树脂、胺类固化剂、预固化剂等成分组成的胶接点焊用胶粘剂。425 胶梗胶是由 425 胶加入适量填料配制而成的，用于补涂胶梗。它是按每 25 g 425 原胶加 1 g 气相二氧化硅的比例配置的。

（1）425 点焊胶的特点。425 点焊胶质量、性能稳定，存放时间较长，要求条件低，适合批量生产用胶，其生产工艺性能和零件生产质量也十分稳定。其具有以下特点：

1）胶接工艺简单可行。胶接工艺流程：胶液配制及胶前准备—注胶—胶液配制及清理流胶—注胶梗胶—预固化及清理流胶—固化—检验—交付。工艺比较简单，从配胶到零件交付大约需要 96h 可以完成，胶接生产周期短。

2）配胶容易，配胶量合适，并有足够的使用期。425 胶组份少，配胶时间短，配制量最大为 700 g，大约需要 45 min，注胶面积可以达到 2.7 m²，约 30 min 可以注完胶。虽然该胶的使用周期短（2 h），由于注胶速度快，胶液使用期完全能满足大批量生产的要求。

3）胶液的流透性好。全部胶接点焊零件中注胶部位的型材大多为 15 mm，少量还有 12 mm，20 mm 等不同宽度，最宽的型材为 40 mm 宽。15 mm 宽的型材注胶后 30 min 可以流透，40 mm 宽的型材（双排焊点）注胶后 2 h 可以流透，4 h 可以完全流透。采用了 425 胶大大地减少了空腔数量，按空腔指标规定几乎达到了 100% 的合格率。

4）胶接常温剪切强度稳定。由于 425 胶对工艺因素不十分敏感，在表面质量、胶层厚度符合要求的情况下，按规定的固化范围进行固化，能获得满意的胶接接头和足够的强度。在生产中进行总结的数据表明，由于剪切强度不合格导致零件报废仅占零件总数的 0.4%。

5）胶焊工艺完全适应胶接点焊零件结构特点的需要和其他优点。胶焊工艺有较高生产效率，满足批量生产对胶粘剂的要求。同时与铆接相比，不仅可以减小铆接质量，而且抗剪强度提高了约 3 倍，疲劳强度提高了 0.8～1.7 倍，还提高了飞机外形平滑度，改善了气动力性能，降低了工人劳动强度，而且避免了铆接时的噪声，改善了劳动条件，同时解决了进气道掉铆钉的问题。

（2）胶液配制。

1）425 胶液主要成分。425 胶液由甲、乙、丙、丁 4 组份配制而成，其主要成分如下：

甲组份是由环氧树脂、增韧剂和稀释剂等组成的。

乙组份是由胺类固化剂和预固化剂等组成的。

丙组份为 780♯聚硫橡胶。

丁组份为偶联剂 KH－550。

按甲：乙：丙：丁等于 14.8：2.4：1：0.2（质量比）的比例进行配制。

2）425 胶液的配制。配胶场地应具有良好的通风设备和除尘条件，环境温度为 18～35 ℃，相对湿度不应大于 75%。在配胶过程中，为了减轻 425 胶对人体的伤害，操作人员应戴防护眼镜、医用乳胶手套和口罩。按甲：乙：丙：丁等于 14.8：2.4：1：0.2（质量比）的配比，首先在烧杯里称取乙组份，再称取丙组份，将两组份均匀地混合在一起，可利用红外灯加热（不超过 60 ℃)搅拌均匀,放置冷却至工作间温度,然后称取甲组份和丁组份,依次加入,并搅拌均匀。室温停放大约 20 min,待气泡基本消失(允许胶液上部残留小气泡)后,即可使用(也可用机械装置除去气泡)。注意:零件用胶量按 0.4 kg/m 计算;每次最大配胶量不得超过 700 g。

（3）不均匀扯离试样。不均匀扯离试样主要用来检查配胶情况,是检验 425 胶的使用情况和温、湿度对胶焊强度的影响。

1）试验用试样的形式和尺寸。试样的形式为长方形,长度为 300 mm,宽度为 25 mm。

2）试样材料。试样材料通常为 LY12 - CZ。试样必须按照图样加工,公差未注明者按自由公差执行,厚度为 10 mm 的试片,允许用细砂纸打磨。使用过的试样不允许重复使用。试样表面质量不得有划伤、凹坑、毛刺等缺陷。

3）试样的表面处理。试样酸洗前必须进行清洗,去除油污、赃物。按每配一次胶不低于 5 个试样准备。试样的酸洗应在涂胶前的 48～72 h 内进行。酸洗后的试样严禁用裸手接触,且必须装入干净的塑料袋,严禁有灰尘、水及其他赃物。戴干净的手套方可接触试样,但不能接触胶接面,以免影响胶接质量。

4）涂胶。试样胶接所用的胶液应与产品配制好的胶液是同一次配制的胶,且配制好的胶液应满足相关文件要求。涂胶前应用丙酮擦洗涂胶部位。涂胶时,在厚试样和薄试样胶接面分别用干净的刮板或干净的毛刷均匀地涂上胶液。然后将薄试样水平放置在水平台上,厚试样轻轻、平稳地放置在薄试样的中央,使两试样胶接面粘接,试样上不得施加压力。在各个试样的长度方向上,厚试样与薄试样应保持垂直。

5）试样的预固化和固化。试样的预固化、固化要求与产品要求一致,都应符合《425 胶的使用生产说明书》。试样随炉固化时要均匀分布在零件上,固化后室温停放 24h 方可做不均匀扯离试验。

6）不均匀扯离试样的强度检验。按有关胶接点焊件制造验收技术条件检测试样的不均匀扯离强度,此项试验应由理化室进行,其试验后的数值不低于 24 kN/m²。

三、质量检验

质量检验过程包括涂胶前零件检查、配胶过程检查、涂胶过程检查、空腔检查、试样抗剪及不均匀扯离强度检查。

1. 涂胶前检查

涂胶前检查主要检查零件表面洁净度及上道工序(点焊)的故障排除情况。如果零件表面有油污、焊接飞溅点等需要排除的故障,应排除后方可涂胶。油污用丙酮清洗即可。

2. 配胶过程检查

配胶过程检查主要检查胶液的各组份的配比以及配胶时各组份添加的先后顺序和室温停放时间。

3. 涂胶过程检查

涂胶过程检查主要检查胶液的流透情况,在间隙较大的地方和没有形成胶梗的部位要及时补胶,以确保涂胶质量。

4. 空腔检查

此检验工序是由检验和工人配合测试中心无损室进行检查,并根据检查结果发出相应的报告的。飞机胶接空腔指标数据如表 4.7 所示。

表 4.7　空腔指标数据

项目	空腔指标内容		
	1	2	3
Ⅰ类壁板	制件内空腔点数不能大于焊点总数的 20%	在相邻两框间,每一根长桁上空腔点数与制件总点数之比≤30%	在相邻两根长桁上空腔点不能在同一截面内
Ⅱ类壁板	制件内空腔点数不能大于焊点总数的 25%		
Ⅲ类壁板			

5.试片抗剪及不均匀扯离试验

抗剪及不均匀扯离试验主要用来检查配制的胶液质量和环境温度对 425 胶的强度影响。某型机室温剪切强度指标如表 4.8 所示,某型机检验试样静剪切强度最小允许破坏指标如表 4.9 所示。

表 4.8　某型机室温剪切强度指标

序号	焊接结合厚度 mm	搭接尺寸 mm	强度指标		备注
			胶焊/N	去焊点/MPa	
1	0.6+0.8	15×30	* 4 400	* 9.8	
2	0.8+0.8	15×30	* 5 400	* 11.8	
3	0.8+1.0	15×30	5 400	11.8	
4	0.8+1.2	15×30	5 400	11.8	
5	0.8+1.5	15×30	6 000	13.2	
6	1.0+1.0	15×30	5 900	12.7	
7	1.0+1.2	15×30	5 900	12.7	
8	1.0+1.5	15×30	6 600	14.7	
9	1.0+2.0	15×30	6 600	14.7	
10	1.2+1.2	15×30	6 700	15.7	
11	1.2+1.5	15×30	7 250	15.7	
12	1.5+1.5	15×30	7 650	16.7	
13	1.5+2.0	15×30	7 650	16.7	
14	1.8+2.0	15×30	8 500	16.7	
15	2.0+2.0	15×30	9 600	18.6	
16	2.5+2.0	15×30	9 600	18.6	
17	3.5+2.0	15×30	10 300	18.6	

* 表示可用于板材与型材结合的试样的剪切强度值。

表 4.9　某型机检验试样的静剪切强度最小允许破坏指标

序号	接头结合厚度/mm	试片搭接尺寸/mm	胶接(钻掉焊点)静剪切强度值/N
1	1.2+1.2	15×30	≥12.7
2	1.2+1.8	15×30	≥12.7
3	1.5+1.5	15×30	*≥14.7,≥12.7
4	1.2+1.2	15×30	≥12.7
5	1.5+1.8	15×30	*≥14.7,≥12.7
6	1.0+1.2	15×30	≥12.7
7	1.2+1.5	15×30	*≥14.7,≥12.7

注:(1)胶接静剪切强度≥12.7 MPa,仅为板弯件胶接静强度值。

(2)＊仅用于板材与型材结合的试样的静剪切强度值。

安全小提示

一、焊机的使用及注意事项

点焊是利用电流和压力的综合作用,因此,点焊机的电流和压力是非常大的。在焊接的过程中应注意以下事项:

1.焊机在使用前,首先检查上、下电极是否对中,网路气压是否达到要求以及水路是否开通。

2.更换电极时,只许用专用工具,严禁用力击打电极和电极臂。

3.调试规范时,电流的加载应由低到高,压力的调节也应由小到大,直到点焊出合格的焊点。

4.为了减小接触电阻,在焊接的过程中要经常打磨电极,以保证焊接质量。

5.焊接铝合金时,为了增加焊机的散热量和节约能源以及防止磁场的延迟对人体的伤害,应选用大功率的点焊机,并且采用硬规范。

6.焊接完毕时,应在上、下电极之间加垫一个试片,用以保护电极。

7.焊接过程中,工作人员应穿戴工作服,以防止飞溅。必要时要戴上眼镜。

二、胶接点焊注意事项

1.配胶、注胶时应打开风机,保证配胶间和注胶厂房有良好的空气循环。

2.配胶、注胶时应戴医用乳胶手套和口罩。

3.配胶、注胶时工作现场禁止吸烟和使用明火。

4.生产中用的溶剂等易燃品应按技术部门有关规定存放在固定的安全地方,使用完毕应随时收存原处。

5.用过的蘸有溶剂的脱脂棉花、纱布应随时清理集中,并堆放在规定的安全地方,不准随意乱扔乱堆。

6.生产现场的托架放置要干净整齐,每天工作完毕要清理生产现场。

思 考 题

1.与铆接、点焊、胶接相比,胶接点焊这种连接方法有何优缺点? 各种连接方法适用于哪种结构?

2.简述点焊原理及接头形成过程。

3.点焊的基本特点是什么?

4.常用的点焊方法有哪些?

5.判断金属材料点焊焊接性的主要标志是什么?

6.点焊机如何分类?

7.点焊电极材料应满足哪些要求?

8.胶接点焊常用方法有哪些? 各有何特点?

9.对胶接点焊用胶粘剂有何要求?

10.425 胶的主要成分是什么? 如何配制?

第五章 飞机总装配和机场工作

第一节 飞机总装配

飞机总装配是部件装配过程的延续,是飞机装配工作的最后阶段。其任务是把已制成的飞机结构部件(包括部分功能系统)进行对接,在机上进行各种功能装置和功能系统的安装、调整、试验及检测,使飞机成为具有飞行功能和使用功能的完整的整体。

一、飞机总装配的内容

飞机总装配包括以下主要内容。

1. 飞机结构部件的对接及对接后整流部分的安装

大部件对接包括机身各段(机头、机身中段、尾段)、机翼(中央翼、中外翼、外翼)、尾翼(水平尾翼、垂直尾翼)和发动机短舱等的对接。

2. 功能装置的安装、调整

1)能保证飞机产生飞行动力的动力装置(含辅助动力装置)的安装。

2)能保证飞机起降、滑行、停放的起落架装置的安装与调整。

3. 各功能系统的安装

功能系统包括两类。

(1)能保证飞机正常飞行的各种飞行功能系统,如操纵系统、液压系统、燃油系统、环境控制系统、导航系统、电源系统及各种飞行仪表等。

(2)能满足飞机各种使用功能的使用功能系统,如武器系统、火控系统、救生系统、生活设施及各种特殊用途的功能系统等。

功能系统的安装就是把上述各个系统连成完整的具有各自功能的系统。

4. 各功能系统和装置的调整试验及检测

调试和检测就是使各功能系统和装置能完全满足各自的使用要求和质量要求。具体地说,就是对这些系统和装置进行压力、时间、行程、电阻、电流、电压等的测量,以及对收放、开关、通断、告警、搜索、瞄准和发射等飞行和使用功能进行试验。

飞机总装配工作量的大小,主要取决于飞机的型别和结构,同时也与生产规模和工厂技术水平有关。由于各种系统在结构上、技术要求上差别甚大,因此,在生产过程中,不仅所采用的工艺方法复杂多样,而且还必须配置不同专业的工人和技术人员。

由于飞机机体比较封闭,在有限的机体内要安装数量很多、空间位置又相互交错的各种设备、装置和系统,难以实现机械化,而且很多的调整、试验工作不允许在飞机上同时进行。因此,飞机总装配劳动量一般比较大,占飞机制造总劳动量的 8%～15%,总装配周期所占百分比可达 25%～40%。因此,总装配工作中的重要问题是如何减少工作量,以及有节奏地进行装配工作。

在成批生产中,飞机总装配采用流水生产的组织形式。如图 5.1 所示为总装配过程示意图。图中,基准部件(机身)沿着流水线移动,其他部件则在总装的不同阶段进入装配,各系统、设备和附件等也在各个不同阶段安装到飞机上去,并进行调整和试验,最后总装出整架飞机。

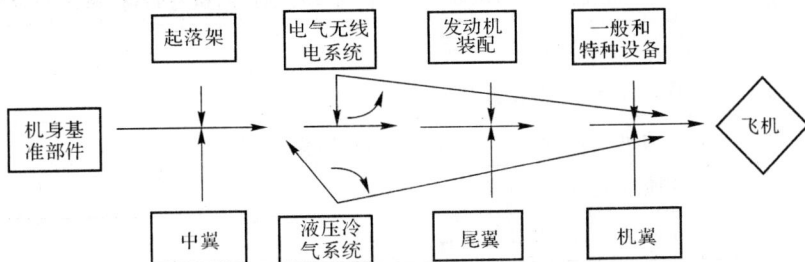

图 5.1 总装配过程示意图

所谓流水生产是将总装配全部工序分成若干个工作站,每个站工作量要均衡,飞机按节奏移动,工人固定在工作站工作。由于工人固定了工作地点和工序,因此劳动效率得到提高。

在总装配工作中,凡必须在飞机上安装调试的工作,称装配站工作;不在飞机上的总装配工作(各种准备、组合及调试工作),称工作台工作。流水作业的基础就是安装、调试工作节奏化。因此,组织流水生产即是将机体对接及安装、调试等工作划分为许多工序,然后根据飞机结构将必须在机上工作的若干工序组合成一项任务,完成该任务的时间应等于或几倍于流水线生产的节奏时间,这项任务即为某装配站上的工作内容。节奏是指流水线上连续生产两架飞机的时间间隔。

必须指出,由于飞机结构的特点,飞机上每个系统往往不是在一个装配站上全部装上去的,而是分散在流水线上几个站陆续安装的,可见,组织飞机总装配的流水作业是极为复杂的技术工作。

为了减少飞机总装配工作量及缩短飞机总装配周期,应尽可能地把总装配工作内容安排在部件装配阶段完成。当编制总装配工作的流水作业时,还应尽可能地把总装配工作内容安排在工作台上完成。

如图 5.2 所示为某型机总装配厂房和停机坪的工作站布置示意图,图中工作站的功能如表 5.1 所示。

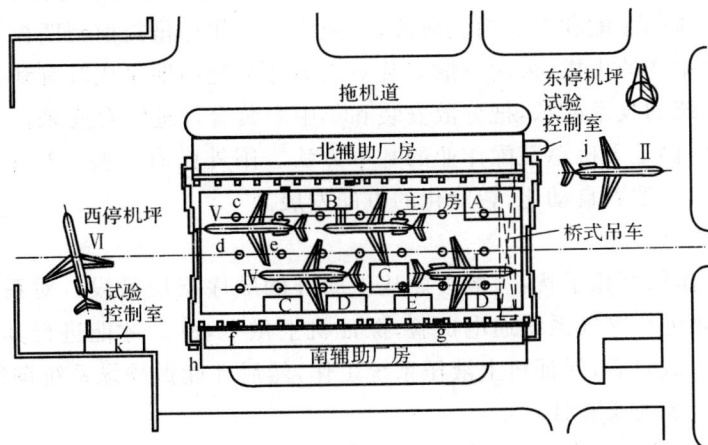

图 5.2 某型机总装配厂房和停机坪的工作站布置示意图

表 5.1 工作站的功能

工作站	工作站功用
Ⅰ	机身、机翼的对接;尾翼、起落架、活动面对接;机身封铆,系统安装
Ⅱ	机身压力试验;淋雨试验
Ⅲ	系统件安装;隔音棉安装
Ⅳ	发动机安装,系统件安装;分系统调试
Ⅴ	客舱安装;功能调试
Ⅵ	功能试验;防冰功能试验

二、飞机总装配工作的特点

飞机制造中,特别是在成批生产中,不能待机体各部件完全装配、对接以后,才开始安装工作,也不能一个系统、一个系统顺序地安装,因为这样做会使安装工作周期加长,而且还会因工作条件差,或无法安装,或不易保证安装质量。有时先安装的系统会妨碍后面的安装工作,后面进行的安装工作又可能会损坏先前安装好的系统。因此,要根据飞机结构,妥善安排安装工作的先后顺序。

飞机总装配是飞机装配的最后阶段,工作特点是内容复杂、专业性强、工作面窄、杂物难以排除。因此,当在机上工作时,应尽量减少或避免切削工作(应采用带自动吸屑的风钻),要提防工具或标准件遗落在机体内。安装试验工作完毕后,要检查、清除机内多余物。

归纳起来,飞机总装配工作有下述特点。

1. 工作开敞性差,手工工作量大

飞机上各部位如驾驶舱、客舱、发动机舱、设备舱、尾舱等能容纳的人数有限,而需要安装的设备又很多很复杂,有些部位只允许一人工作,工作姿态很不自由。这些都将影响安装质量,增加装配周期,因此应尽量扩大地面装配工作,并将安装工作分散进行。例如将仪表板、配电盘、操纵台、继电器盒等先在地面组合装配和试验,以简化在飞机上的安装工作。不要把飞机生产截然分为机体的装配和安装两大阶段,应把安装工作尽量提前到壁板装配、段件装配阶段进行。对于成批生产的飞机,采用分散安装对缩短总装配周期是比较有利的。因此,要根据飞机结构特点和系统的技术要求,把分散安装和集中安装合理地结合起来。

目前,手工操作仍是飞机总装配作业的基本方法。国外已有一些工厂采用机器人进行机翼和机身对接工作,并朝着自动化、智能化的方向发展。

2. 工序的顺序性强

为避免安装工作的互相干扰,一般按照从里向外的顺序层层敷设。对系统试验也有顺序安排问题,如首先要进行电气系统通电试验,保证机上供电,然后才能进行其他系统试验。另外,还要在液压系统试验后,保证机上液压系统工作,然后才能做操纵系统调整试验。

3. 具有高科技、多专业属性

总装配不仅涉及的工种多,专业性强,而且专业间接口多,交叉多,综合程度高,技术复杂,要由不同专业的人共同完成系统安装、调试、检测和联试工作。

4.装配协调关系复杂

协调关系复杂是飞机总装配的技术难点。这是因为飞机上的导管、电缆都是空间弯曲布置的,仅依靠图纸和技术条件还不够,通常要用样机作为安装的补充依据。因此,减少技术协调问题的出路,在于下决心制造金属的工程样机和功能样机或者采用三维的计算机辅助设计来解决多种部件和各系统间的空间协调问题。

5.系统检查、测试工作量大

飞机上安装的系统很多,各有各的检查试验要求。为避免互相干扰,影响工作,一般不能安排几个系统同时工作。如军械系统校靶、操纵系统调整、飞机水平测量等工作都要单独进行。

功能调试是总装配工作的重点。系统功能调试是对系统装配工作质量的总检验,调试的某些差错或疏忽会造成重大的恶性事故。

6.高完整性要求

高完整性要求是飞机总装配的基本任务。不能漏装或错装任何一个装配元件,不能漏测、漏检、错检任何一个性能参数,否则就有可能危及系统的使用功能,甚至安全。

三、飞机各部件的对接及水平测量

1.飞机各部件的对接

飞机各部件装配完成后,送到总装配车间进行对接,如机身各段的对接、机身和机翼的对接等。飞机总装配时部件对接工作量的大小,取决于飞机的构造形式和总装与部装车间的分工。部件对接要保证对接后部件相对位置准确,连接可靠。对于有设计补偿的对接接头,对接中要使用设计补偿以保证对接技术要求,对于没有设计补偿的接头,在成批生产条件下,一般要用部件对接接头精加工的方法来保证部件对接和互换性要求。

对于完全互换的段、部件对接,要调整对接的部件到正确位置,然后检查对接孔的同轴度要求,并检查配合面之间的间隙和连接孔孔径及表面质量,这一切都符合图纸和技术条件要求后,就可以安装螺栓、垫圈,并按规定的拧紧力矩要求拧紧螺母,最后用全机水平测量方法检查各部件相对位置的准确性。对接部件一般要放在可移动和调整的托架上进行调整并对接。

对于不互换的段、部件,对接时要用水平测量方法调整和确定它们的相互位置,将对接接头孔一起扩孔并铰孔。这种方法劳动量大,周期长,对操作工人的技术水平要求高。如果在专门的对接台中进行对接,可以大大缩短调整定位的时间。

发动机是互换部件,其在飞机上的安装和测量一般是在车架上进行的,并用水平测量方法检查安装位置的误差。

2.飞机各部件的水平测量

对于飞机各部件水平测量的主要内容在上册第八章中已讲述过,这里只做简单介绍。部件对接后的技术要求一般用水平测量方法进行检查。水平测量的基本过程是,部件装配时,在部件表面规定的位置上,按型架上专用指示器作出测量点的记号(即涂红色漆的冲坑、凸头或空心铆钉),这些记号称为水平测量点,实际上是将飞机理论轴线转移到部件表面的测量依据。因此,在测量过程中,只要检查这些点的相对位置数值,就可借以确定部件间相对位置是否符合技术要求。

如图5.3所示为水平测量原理图。图中机体表面上各测量点都在部件装配时标出,测量时以机身 2 段为基准,用水平仪将 1,2 和 1′ 调整在同一个水平面内,再用经纬仪将 7,8 调整在同一垂直面内,随后用水平仪和经纬仪分别测出 3,4,9 和 10,就可检查机身的同轴度。

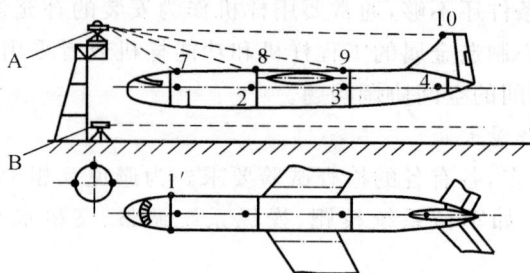

图 5.3　水平测量原理示意图
A—经纬仪；　B—水平仪

机翼的安装角、上反角(下反角)和舵面转角也可以用同样方法测量,如图 5.4 所示。首先把飞机调平,然后分别通过测量点的差值 a,b 来检查机翼的安装角和下反角。

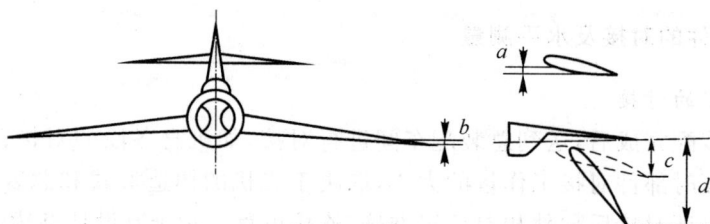

图 5.4　机翼安装角测量图

如图 5.5 所示为歼击机水平测量点分布图。水平测量时用水平仪按 1,2 两测量点调整纵向水平,按 3,4 两测量点调整横向水平,在飞机已调平情况下,测量与检查各测量点间差值。

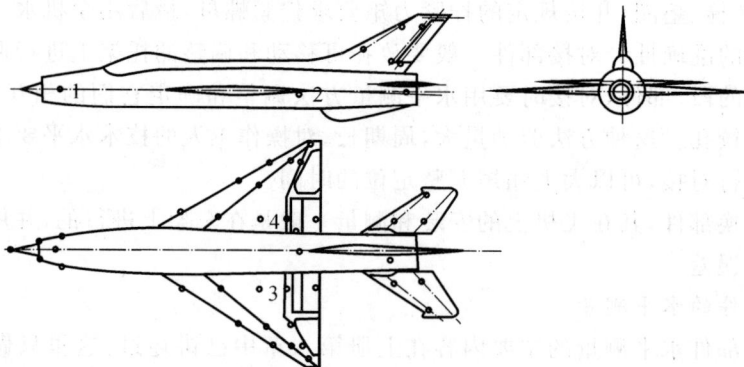

图 5.5　某歼击机水平测量点分布图

为提高水平测量的效率,可设计专用的水平测量台。其结构原理是把测量点指示器固定在可靠基座上,将飞机用千斤顶固定于测量台上应有的位置后,按测量点指示器读出的数据,可检查各部件间相对位置是否符合技术要求。

四、各系统、设备的安装、调整和检验

飞机总装配时还要往飞机上安装部件装配阶段没有装上的各种系统和设备。它们主要有发动机及其操纵系统、起落架及其操纵系统、飞机操纵系统、燃油系统、滑油系统、液压和冷气系统、通信和导航系统、供暖和座舱通风系统、防冰系统、灭火系统、救生系统、武器系统和根据飞机用途设置的特种装置。飞机系统装配是一个庞大的复杂工程,这里仅对部分系统的安装过程加以说明。

1. 导管、线路的安装与测试

由于飞机上的导管零件品种多、数量大,形状复杂、制造准确度要求高,而设计安装图纸又很难表达这种空间的复杂关系,因此,需要用样机作为安装的补充依据(样机是 1∶1 的飞机实体模型),并在样机上根据实际结构完成各系统的安装,这个补充依据对安装工作的顺利进行十分有利。

对于管路中的弯管零件,可以通过样机取得正确的形状和尺寸,作为以后生产弯管零件的依据和协调弯管零件的工艺装备。目前国内外已广泛采用数控弯管技术,并实现了计算机辅助导管设计与制造系统。

如图 5.6 所示为液压系统的部分附件和导管安装图。为减少装配站工作,可将上述附件和导管在工作台上预先组合,固定在固定板上,并进行局部的调整和试验工作。对电气及无线电系统,应尽量将电缆、仪器及装置预先组合在有引出接头的固定板上,并按规定进行尽可能多的参数功能试验。各个系统的电缆,可根据长度和走向预先在样板工作台上组合、通电,装上飞机时只要把电缆固定在飞机上的卡箍内,连好插线座即可。对于发动机装置,可在装配站外预先在发动机上安装上液压泵、压气机、进气管、滑油及燃油导管以及电缆等,进行局部的系统试验,甚至可预装发动机罩等。这样,既可大大改善安装工作条件,又可缩短飞机总装配周期。

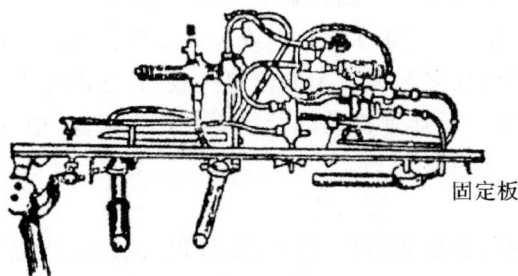

图 5.6　液压系统的部分附件和导管安装图

导管在飞机上安装好之后,要根据各系统的特点按要求进行试验,一般要进行密封性试验和清洁度检验。系统导管的密封性试验,可以在单个部件上进行或在总装配车间已装配好的完整的飞机上进行。一般将密封性检查安排在系统工作性能检查之后进行。

对于电气系统,可以从图纸、样机取得导线正确长度,制出相应位置的布线样板作为依据。对电缆要进行 100% 的短路、断路、混线、搭铁及绝缘电阻的质量检验。

2.操纵系统的安装调整和试验

操纵系统的很多元件是在部件装配时安装、调整和检查的。例如,在机身或机翼内安装操纵飞机和发动机的拉杆和钢索,安装滑轮、摇臂、支架和导向件,在驾驶舱内安装驾驶杆、脚蹬和拉杆。

操纵系统安装要保证运动件和结构之间有足够间隙,在导向件中拉杆不应紧涩;当在极限位置时,摇臂和拉杆之间应当有允许的间隙。操纵系统的调整可以用拉杆端头装的带螺纹的端接头调整长度,其调整范围不应超出极限尺寸,也可以用力臂调节器来调节摇臂长度。

对于装有液压助力器的操纵系统,驾驶杆力是载荷机构产生的,因此,操纵系统的调整检查要测量驾驶杆力与行程的关系曲线,并从杆力曲线图上得出杆力变化的梯度和系统的摩擦力大小。

现代高速飞机多采用多余度电传操纵系统(或称飞行控制系统),此系统除了舵机与舵面之间有拉杆和摇臂外,从驾驶杆、脚蹬到舵机之间均用导线传递信号。飞行控制系统采用飞行控制计算机,并与航空电子系统、液压系统、电气系统综合显示。因此,为保证飞行控制系统在飞机上工作安全可靠,必须将飞行控制系统、液压系统、电子系统等在地面试验台上进行 1∶1 的联机工作试验,即在"铁鸟"台上进行试验。通过"铁鸟"台试验的飞行控制系统、电气系统、液压系统才能往飞机上安装。

3.武器系统的安装和检查

航空射击武器有机炮、空空导弹和空空火箭,对地攻击武器有各种炸弹。飞机总装配要保证机炮位置安装正确,导弹、火箭挂架位置安装正确。这些武器与瞄准具所构成的飞机武器系统对飞机基准轴线的位置要正确。因此,武器系统安装后在总装配车间进行的主要试验项目就是军械系统的冷校靶试验。

冷校靶试验是在飞机机头正前方 25 m 处,放置一块靶板,在靶板上标有飞机对称轴线、水平基准线以及机炮、导弹、火箭、瞄准具等的理论位置标线。将飞机调水平,并使对称轴线、水平基准线与靶板上的基准线重合。如以瞄准具为基准校靶,则应调整瞄准具中的光环对准靶板十字标线,然后用光学校靶镜插在炮口内或火箭发射筒内,观察机炮轴线与靶板位置的偏差,利用设计补偿调整机炮,使之与靶板上的位置一致,并使误差在允许范围内。

其次,对轰炸武器还要进行炸弹投放试验及冷气充弹试验,检查弹道的畅通,另外,还要进行炮弹拉通运动试验等工作。

4.电搭接

电搭接是指将飞机的各类金属零件、组件、部件以及成品、设备和附件在电路上连接成为一个整体,使飞机全部结构形成一个低阻抗的导体(即等电位体)所进行的各种导体结合面的电连接工艺过程。

(1)电搭接的作用和采取的措施。在地球周围大气层中存在着静电场,其电位梯度为 6 V/m,这样在 10 000 m 高空就有 60kV 的电位。由于各种原因,大气处于连续运动状态。因此,在大气中经常存在着带有不同电位的相当大的气团相邻接现象。如飞机飞过带电的气团就要被感应带电,并尽量使其电位与周围大气的电位相等。如果飞机机体缺乏在电路上的整体性,则各部分电位不等,高电位就会向低电位放电,产生电火花。这种电火花放电对飞机是十分有害的,是不允许发生的。

电搭接的作用和采取的措施如表 5.2 所示。

表 5.2　电搭接的作用和采取的措施

序号	作用	措施
1	防止静电干扰	1. 采取电搭接,使飞机成为一个整体的低阻抗电气通路。 2. 利用尖端放电的原理,在机翼、尾翼等部位设置放电刷,及时有效地将机体电荷释放到大气中。 3. 设置钢索搭地线,当飞机着陆时,搭地线触地将机上电荷导入大地
2	防止机内产生电磁干扰	1. 设置去耦电容器或滤波器,严格控制电搭接,将干扰局限于或消失在产生处。 2. 在干扰源、对干扰敏感的设备及电线上外加屏蔽网或金属罩,用以进行隔离。 3. 所有装机设备、成品都必须经过电磁兼容性试验,满足 HB5940—86 电磁兼容性要求
3	确保飞机用电设备正常工作	1. 飞机电路一般采用单线制,由机体作负线回路,飞机各构件确保电搭接良好,严格遵循搭接工艺,控制搭接电阻值。 2. 确保设备、成品的负线搭接可靠、接地良好,接触电阻符合产品图样和技术条件要求

（2）电搭接分类。电搭接的分类和要求如表 5.3 所示。

表 5.3　电搭接的分类和要求

序号	项目	技术要求	搭接电阻/$\mu\Omega$
1	天线及滤波器搭接	1. 天线到基本结构之间有直流通路,其搭接电阻符合规定。 2. 天线同轴电缆传输线的外导体搭接到接地平面内。 3. 滤波器的壳体与基本结构有良好的电接触	不大于 300 不大于 300
2	电流回路搭接	1. 结构部件之间的搭接作为电源回路的一部分,成为传输电源回路电流的低阻抗通路。 2. 单线制设备与结构之间搭接。 1）搭接线载流量按航空工业标准 HB5795《航空电线载流量》选用； 2）电线或电缆和接地回路的总阻抗电压降不超过规定值（见表 5.4）； 3）安装搭接线。 3. 危险区的电气电子设备的外壳与结构直接搭接。 4. 镁合金构件不可作为电流回路的组成部分	不大于产品图样规定

续 表

序号	项目	技术要求	搭接电阻/μΩ
3	防射频干扰搭接	1.每台发动机至少有两处与结构搭接。 1)高压输出部分之间的搭接； 2)发动机点火器壳体与发动机机体搭接； 3)点火装置壳体与发动机机体搭接； 4)启动机和交、直流发电机与发动机机体之间的搭接。 2.电气电子设备外壳与机体成低阻抗通路。 1)外壳与机体直接搭接； 2)设备安装底板与机体搭接； 3)底板带减震器与机体搭接。 3.距无屏蔽的发射天线引线 300 mm 内任一个大于 300 mm 的导体与机体搭接。 4.飞机蒙皮组成低阻抗通路，口盖、舱门等与结构搭接	2 000 100～300 300 600 2 000 1 000 1 200 2 000 1 000
4	防电击搭接	1.安装电线或电缆的金属导管两端与结构搭接。 2.电气电子设备裸露的金属架与基本结构搭接	10 000 10 000
5	防静电搭接	1.飞机外部除天线外的任一线性尺寸大于 80 mm 被绝缘的导体(翼尖、天线罩等)与基本结构搭接。 2.外部介质表面应采取泄放静电荷的措施。 3.油箱及油箱内的附件,每个油箱两处与基本结构搭接。 4.气体和液体管路由于流体摩擦带静电而采用多点与结构搭接。 5.机翼、水平尾翼和垂直尾翼的翼尖与后缘安装足够数量的放电器。 1)高阻放电器与蒙皮搭接； 2)低阻放电器与蒙皮搭接； 6.地毯采取有效防静电措施,使地毯与结构搭接	10 000 2 000 1 000 100 000 300
6	防雷电搭接	1.飞机各舵面、钢索、拉杆和驾驶杆,通过滑轮或跨接搭接线与结构搭接。 2.飞机表面被绝缘的导电凸出物与基本结构搭接,绝缘的天线设置避雷器。 3.所有凸出飞机表面的非导电物,如非金属的垂直安定面、翼尖、座舱盖、天线罩、非金属桨叶片和旋翼片均应有连接到基本结构上的雷电通路	
7	飞机及辅助设施接大地	1.飞机设置放电钢索、接地刷和静电导电轮胎泄放残留的静电荷。 2.飞机在停机坪时应采取停机接地线、接地刷、接地棒和接地锥等接地措施。 3.飞机在地面加油时,油车与大地,飞机与大地,油车的油枪与飞机结构均保持良好的搭接	

表 5.4　线路允许压降

允许压降/V 电源额定电压/V	A	B	C
28	1	2	3
115	2	4	8

注:航标 HB5854—84《飞机供电特性及对用电设备的要求》中根据飞机上安装时要求的线路压降(调压点与用电设备电力输入端之间的电压降)不同,把用电设备分成 A,B,C 3 类。A 类设备对线路压降较严,限制使用;B 类一般优先使用;C 类是间歇工作的设备。

　　(3)雷电防护接地线的合理设置。雷电防护接地线的合理设置如图 5.7 和图 5.8 所示。

　　如图 5.7(a)所示中圆锥体顶点或背脊线,均可看做是传导雷电的放电尖端或放电边界,该尖端或边界相应对准雷电源,并把雷电电流恰当地传导到圆锥体底部(即地)。

　　如图 5.7(b)所示基于假定介质强度为 328 000 V/m,足以承受外加电压。

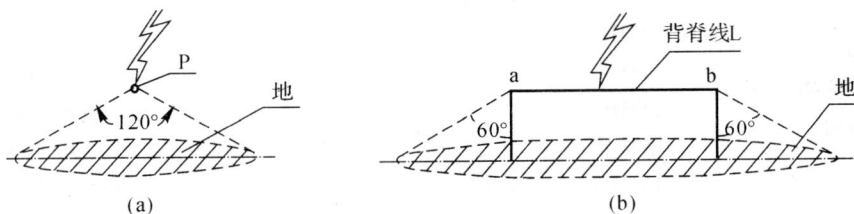

图 5.7　典型雷电防护区

(a)合理接地的单点(P)传导所形成的雷电防护区(圆锥体形);

(b)合理接地的背脊线(L)传导所形成的雷电防护区(该区域可看成是圆锥体顶点 a 平移至 b 点而形成的)

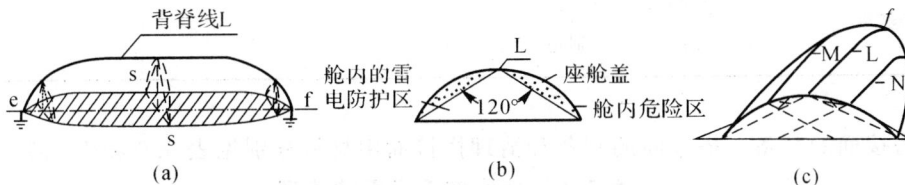

图 5.8　座舱盖或天线罩雷电防护区

(a)位于典型介质座舱盖或天线罩背面中心线上的单根接地电线 L 所形成的雷电防护区(该区域可看作圆锥体顶点 e 到 f 作径向位移和平移复合而成);

(b)如图 5.8(a)所示的 s—s 剖面图表明,如果安装单根电线 L,座舱盖的雷电防护区不适宜;

(c)如图 5.8(a)所示 s—f—s 剖面透视图表明,可以通过加装交叠防区的多根接地线 M,L,N 来形成复式雷电防护区

　　(4)搭接的形式及应用特点。飞机的零件多,形状复杂,大小不同;材料品种多,零件表面处理各异;飞机的系统多,如操纵、液压、起落架、动力、燃油、灭火、防火、环控、生活设施、电气、仪表、无线电、雷达和火控、军械系统等,各有特点且要求不同。因此,必须寻找多种搭接类型,采用多种搭接制备工艺方法。在各种不同的条件下选取适合的搭接形式和制备工艺,才能符合要求,满足搭接规定,使飞机成为一个电搭接的整体。搭接的形式及应用特点见表 5.5。

表 5.5 搭接的形式及应用特点

类型	形式	应用特点	备注
I	铆接连接	1.搭接表面不处理。 2.采用部分未阳极化的铆钉。 3.靠铆钉杆镦粗达到良好的电搭接。 4.一般用于永久性或半永久性薄零件电搭接	大量用于飞机结构和蒙皮的连接
II	螺接连接	1.用于经常拆装的或需要拆装的零、组、部件和成品、设备以及附件的连接。 2.带有导电镀层的螺钉、螺母靠拧紧时端面的压力或挤紧接触表面形成良好的电连接。 3.需要制备或清理接触表面	
III	增设搭接零件的连接	1.搭接线: 1)HB6—38—; 2)HB6—39—; 3)HB6—40—; 4)HB6—74—; 5)HB6—75—。 2.搭接片 1)HB6—54—; 2)HB6—28—。 3.特制搭接件或成品带搭接线。 4.只需制备或清理连接点的接触表面	用于连接活动部件或带减振器的成品、设备的安装。 用于衬套或卡箍等处的搭接
IV	钎焊、熔焊或压接等	1.永久性固定连接的金属零件; 2.防波套的连接; 3.搭接线的制造	

(5)搭接面的制备。搭接面的制备和清理搭接面用材料分别见表 5.6 和表 5.7。

表 5.6 金属搭接表面的清理

序号	清理方法	适用的设备及材料	适用的表面	注意事项
1	用砂纸手工清理,以圆周或椭圆形运动进行打磨,提供均匀光滑的表面	1.180 号粒度的砂纸或砂布。 2.金刚砂纸。 3.氧化铝砂布	1.导电镀层表面。 2.钛合金表面	1.此法不用于不锈钢表面。 2.不允许磨料颗粒污染设备
2	用旋转金属刷作局部点面清理	1.电钻、风钻或其他适合工具。 2.不锈钢丝滚刷	任何金属表面上除去漆层,铝表面除去薄氧化层	1.电镀表面、不涂漆的金属表面不适用。 2.金属表面损失最少

续　表

序号	清理方法	适用的设备及材料	适用的表面	注意事项
3	用旋转磨盘作局部点面清理，磨盘用轻微压力加到金属表面。磨盘与被磨表面平行，打磨一次后检查结果，直到表面符合要求为止	1.电钻、风钻或其他合适工具。 2.砂布磨盘150号粒度。 3.金刚砂布、氧化铝砂布	除去未涂漆的阳极化膜或化学氧化膜层	1.采用此法必须除去油漆。 2.此法不允许用于不锈钢和铝合金表面。 3.金属表面损失最少
4	用挥发性清漆稀释剂去除漆层，用干净棉布、纱布将稀释剂抹在限定的表面上	1.清漆稀释剂。 2.丁酮。 3.不起毛的绸布或干净的棉布和纱布	铝和铝合金的金属表面的漆层	稀释剂不要溢出或流至不需要清理的表面
5	用溶剂清洗裸露的或有电镀层的金属搭接表面	1.非金属刷子或不起毛的棉布。 2.溶剂	电镀层表面，未涂漆的不锈钢和铝的表面	

表 5.7　清理搭接表面用的材料

材料类型	名称	牌号	适用范围
磨料类	砂纸	180号、150号	各类金属的搭接表面
	金刚砂纸	联邦规范 P—P—121	
	氧化铝砂布	联邦规范 P—C—451	
除漆类	脱漆剂	T—1	硝基漆
	脱漆剂	T—2	硝基漆、磁漆、底漆
	稀释剂	X—1	硝基漆、底漆
		X—2	
		X—4	底漆
		X—6	磁漆、清漆
		X—7	环氧漆
		TT—T—266	底漆、清漆、磁漆
	丁酮	MEK,TT—M—261	底漆、清漆、磁漆
除污类	清洗剂		裸露金属和电镀层表面
	工业酒精		
密封类	密封腻子	1601	气密处
	密封胶	XM—22	
		XM—31	
		XM—34	

（6）搭接操作程序。

1）金属件表面的搭接操作程序和技术要求见表5.8。

表 5.8　金属件表面的搭接操作程序和技术要求

序号	操作程序	技术要求
1	搭接表面的制备	1.搭接面打磨或清理出金属光泽，且表面平直。 2.清理搭接表面时要尽量少去除金属或导电层。 3.搭接面制备应在搭接前 1 h 内进行，一般规定搭接清理到完成修复，对铝合金应不超过 6h，对镁合金应不超过 2h，对其他金属应不超过 48 h
2	搭接的安装	1.搭接可靠，电接触良好。 2.搭接线端子与被搭接的零、组、部件以及成品外壳或结构属同类金属材料者，其搭接线端子可直接与其接触，否则应加垫圈。 3.在活动部件上安装搭接线时应留余量，以防影响部件运动或磨坏搭接线。 4.按不同材料的接线端子和连接紧固件，选用合适的拧紧力矩。 5.安装在同一螺栓上的搭接线或负线不应超过 3 个，按端子大小排列并接线，大端子在底层，小端子在上面，尽可能安装成扇形。 6.负线禁止安装在镁合金零件上。 7.有搭接要求的电缆和导管一律使用搭接卡箍。 8.除镁合金件外，镀锌的接线端子、卡箍和紧固件禁止用于搭接。 9.严禁任意加装搭接线
3	涂敷与密封	1.涂敷与密封以前，搭接处多余的清理表面需用汽油或酒精清洗干净。 2.搭接后所有裸露的制备表面，按表 5.9 规定涂敷。 3.搭接处有密封要求时，清洗区域要扩大 6 mm
4	检查	1.按文件要求进行检测。 2.工人与质量控制人员一起检测，并做好记录

2）复合材料表面的搭接操作程序和技术要求见表5.10。

表 5.9　搭接表面修复处理

被清理制备的原表面	基本金属	修复涂料
涂漆	各种金属	原用漆
裸露金属	各种金属	绝缘清漆（W30—4）
无色阳极化	铝	绝缘清漆（W30—4）
黄色阳极化	铝	H06—2 环氧锌黄漆
镀层	各种金属	绝缘清漆（W30—4）

表 5.10 复合材料的搭接操作程序

序号	操作程序	技术要求	图　例
1	搭接表面的制备	外部有抗静电涂层的复合材料结构与金属结构间的接地,可通过连接紧固件与抗静电涂层相接触。对于带有用保护胶带覆盖着的接地孔的壁板,只从步骤 3 开始。 步骤: 1. 除去锪窝区域的所有涂层,并用 Scotchbrite 清洗裸露着的区域。 2. 用磨块磨透所有保护涂层,直到露出抗静电涂层,如右图 1 所示。锪窝面周边磨 0.75 in(19.05 mm)至 0.85 in(21.59 mm)的区域。严禁磨透抗静电涂层。 3. 用丁酮(甲基乙基酮)清洗打磨区域。 4. 按右图 2 所示在清洗后的打磨区域和锪窝面上涂一层抗静电涂层	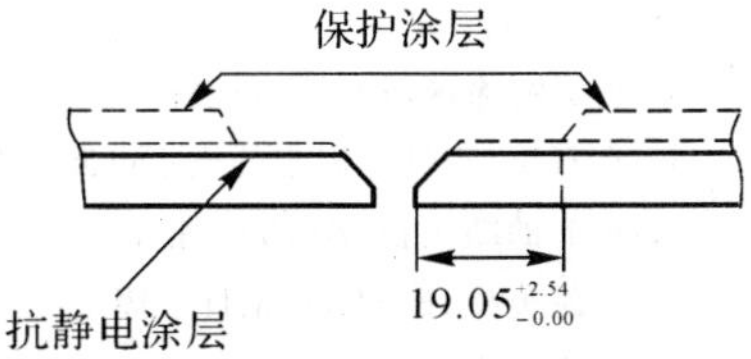 图 1 锪窝面周围的打磨区域 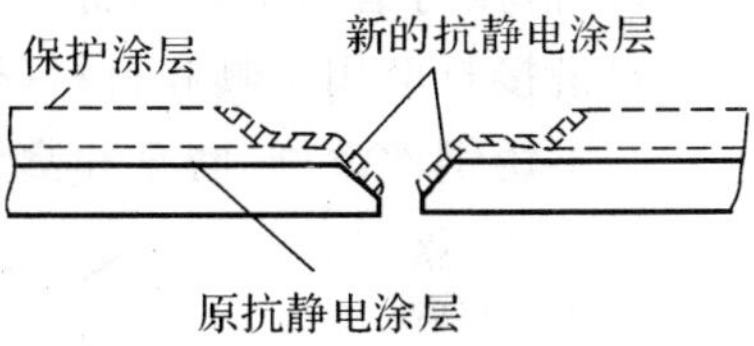 图 2 抗静电涂层的涂敷
2	安装	1. 按产品图样安装到结构上。 2. 检测新旧导电层之间的电阻值	
3	整修	测量电阻值符合要求,搭接元件安装 24 h 以后按产品图样修整表面。安装完后的典型示例如右图 3 所示	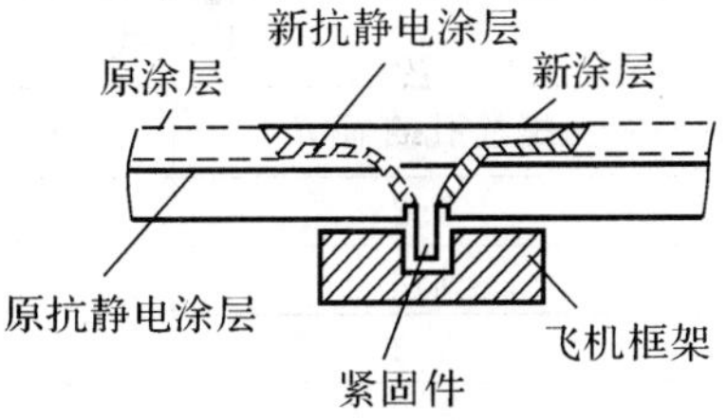 图 3 复合材料壁板的安装

3)复合材料搭接用元件的对应关系如表 5.11 所示。

表 5.11 复合材料搭接用元件

元件	A①	B	C	D	E	F
螺栓	裸露钛	镀镉不锈钢 A286		镀镉不锈钢 A286	镀镉不锈钢 A286	镀镉不锈钢 A286
螺母/托板螺母	裸露不锈钢 A286	裸露不锈钢 A286		镀镉不锈钢 A286/合金钢	镀镉不锈钢 A286/合金钢	镀镉不锈钢 A286
压窝垫圈				镀镉不锈钢 A286		镀镉不锈钢 A286

续 表

元件	A①	B	C	D	E	F
铆钉	裸露不锈钢 A286	裸露不锈钢 A286	镀镉镀铜合金	铝	铝	铝

①表头符号说明：

A：石墨/石墨；

B：火焰喷涂区域石墨/石墨；

C：在石墨/铝件上固定的或不可卸安装；

D：可卸的凯芙拉(Kevlar)/铝；

E：在凯芙拉(Kevlar)/铝件上固定的不可卸安装；

F：火焰喷涂区域凯芙拉(Kevlar)/铝。

(7)搭接打磨用工具和材料。

1)搭接打磨用工具和材料(砂纸)参见表5.6。

2)不锈钢丝滚刷、磨盘和窝锪钻的主要数据如图5.9及表5.12所示。

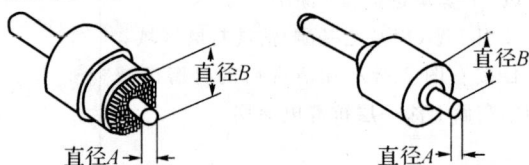

图 5.9 滚刷和磨盘典型示图

表 5.12 滚刷、磨盘或划窝钻的控制数据　　　　　　　单位：mm

搭接线		滚刷、磨盘或划窝钻的打磨	
螺栓孔直径 d	接头宽度或外径	导杆直径 A^*	打磨接触面直径 B^*
3.2		2.5	
4.2	8～11	3.2	16
5.2		4.1	
3.2		2.5	
4.2		3.2	
5.2	12～14	4.1	18
6.3		5.0	
8.3		6.8	
10.5	17	8.5	24
12.5		10.0	
5.3		4.1	
6.3		5.0	
8.3	24	6.8	28
10.5		8.5	
12.5		10.0	

*注：符号 A，B 如图5.9所示。

(8)搭接电阻值的测量。

1)测量搭接电阻应使用合格的低电阻测量仪(微欧仪)。测量人员必须经过培训后方可实际操作,按图样或技术文件规定部位对飞机结构电阻值进行测量。测量前,应清理掉测量点和测量仪表棒上的油污,在测量过程中,两手握住测量仪表棒,均匀用力按下表棒,以刚好穿透漆层或阳极氧化层为宜,不要用力过猛,以免损坏表棒或造成测量部位的压痕太深,损坏测量部位表面质量。测量点应选取其结构刚性好的部位。

2)测量各项电阻值,若大于额定值,可重新打磨搭接处或适当拧紧固定件或增加搭接铆钉等方法来达到规定的额定范围。将所测量出的电阻值,记录在专用表格内。

第二节 机场车间工作

机场车间的工作是飞机生产的最后阶段。这一阶段的工作完成后,就将飞机移交给使用单位。其工作内容包括①从总装配车间验收飞机;②进行飞机地面检验及试飞;③飞行前准备;④飞行试验;⑤排除故障;⑥最后移交给订货方。

一、验收飞机

飞机总装配结束后,由机场车间与总装配车间共同检查飞机的总装配质量。飞机验收按规定的提纲进行,其主要内容为检查飞机的外表情况,仪表和设备的成套性,进行车间分工的某些试验工作。

二、地面试验

地面试验包括发动机试车前的试验和发动机试车情况下的试验工作。

1. 各系统的检验和试验

系统的检验和试验包括①全机的电气、无线电和仪表系统的试验;②液压、冷气和操纵系统的试验;③发动机操纵和燃油、滑油系统的试验等。其中有些试验工作,为了保证飞机质量,在总装配以后再重复做一遍。

2. 罗盘校正

检查罗盘指示是否正确,并修正其误差。为使罗盘校正不受周围磁性物质的影响,罗盘校正场应远离建筑物 100 m 以上。

3. 热校靶及投弹试验

热校靶的目的是检查机炮、照相枪和瞄准具是否安装准确,控制操纵机构和系统的工作是否正常。投弹试验是检查飞机投弹系统,投弹试验用模型在专设的投弹场内进行。

上述工作完毕后,加注燃油、滑油,准备发动机试车。试车时除检查发动机装置本身外,还要在发动机开车情况下,检查飞机各系统的工作情况。

三、飞行前准备

飞行前应准备加添燃油、滑油等;对飞机各部分及各系统进行外表检查,为保证质量,飞机的外表检查应按一定顺序进行。

四、飞行试验

新机试飞应按试飞大纲要求进行。但在开始定型试飞前应由研制单位负责,进行飞机调整试飞,以排除新飞机的一些初始性的重大事故。调整试飞大致要飞到原设计包线的 80% 左右,再开始正式的国家鉴定试飞,以检查新飞机能否达到设计要求。鉴定试飞可按不同分工完成各自的试飞任务,各负其责,并完成定型试飞大纲规定的所有任务。定型试飞通常需要上千个起落,试飞科目全部完成后,由试飞鉴定部门和飞行员写出正式报告,上报国家鉴定委员会批准。

经过设计定型后,新机可能还会有一定更改,特别是工艺性改进,改进后的飞机进入小批量生产,首批生产的飞机也应进行鉴定试飞,主要是检查工艺质量,通过后即可进行成批生产,并交付使用。

成批生产的飞机,飞行试验有两种:

(1)移交试飞。对每架飞机必须进行,试飞时检查的项目不多,只对飞机的主要性能进行鉴定。

(2)成批试飞。对每一批飞机,抽出少数几架飞机,检查的项目比前者多,以便更全面地检查这一批飞机的制造质量。

成批生产的飞机,在试飞合格后移交给订货方。移交时除飞机本身外,还包括备件、随机工具以及飞机、发动机、仪表和设备的合格证和履历本等。

思　考　题

1.简述飞机总装配的工作内容。

2.飞机总装配工作的特点是什么?

3.电搭接的作用及采取的措施各是什么?

4.搭接形式有哪几种? 各自的应用特点是什么?

5.简述金属件表面搭接操作程序。

6.机场车间的工作内容是什么?

第六章　生产工艺准备

第一节　概　　述

一、生产工艺准备工作的内容

任何新产品要进行研制和生产,都必须进行生产准备。

生产准备工作是使新产品尽快地研制和投产,保证生产顺利进行,在质量、数量和成本方面全面达到国家规定的指标所进行的一系列技术工作和组织工作。

生产准备工作包括产品设计和试验、工厂扩建、机床购置、器材供应和各项生产工艺准备工作。

生产工艺准备工作内容主要有以下几个方面:

(1)飞机构造的工艺性审查;

(2)飞机生产的工艺总方案的制定;

(3)工艺文件的编写、试用及修改定型;

(4)工艺装备的选择、设计、制造及调整;

(5)工厂为适应新机生产进行技术改造;

(6)新产品所采用的新材料、新结构、新技术的实验研究;

(7)工艺技术人员和工人的培训。

二、飞机制造中生产工艺准备的特点

飞机制造中生产工艺准备的特点,是由飞机产品的性质及其生产的特点所确定的,可以综合为以下几个方面。

首先,飞机的更新和发展很快,能否及时研制出和批量生产出性能更高的新式飞机,对我国的国防建设和经济建设有重大意义。因此,如何缩短新飞机的生产准备周期是一个重要问题。

其次,飞机结构复杂,生产中需要使用大量的模具、机床夹具和装配夹具(型架),生产准备工作量大,周期长。

再次,飞机结构不断改进,在生产过程中不但经常作局部改进,而且经常进行改型。

因此,在飞机工厂需要有大量的工艺技术人员和很强的生产工艺准备能力,在飞机工厂生产工艺准备的生产能力占全厂生产能力的 30% 左右。

由于飞机生产工艺准备的紧迫性和复杂性,要求有周密的计划、严密的组织,各方面协调配合工作、按计划高质量地完成各项生产准备工作。

三、飞机生产工艺准备的几个阶段

新飞机从研制到进行成批生产一般要经过新机的论证及研制、新机的试制及设计定型、小批生产及生产定型和成批生产4个阶段。生产工艺准备工作也相应地分为这4个阶段进行。这几个阶段的生产工艺装备工作内容和重点是有区别的,但又是相互联系、相互衔接的。

1. 新机论证及研制阶段的生产工艺准备工作

这一阶段的主要任务是配合设计部门制造出几架新研制的飞机,以便进行强度试验和飞行试验,验证新飞机各种性能。这一阶段生产工艺准备工作应遵循的原则是,在保证产品质量的条件下,充分利用工厂的现有条件,以尽量短的周期和尽量少的工艺装备完成研制任务。

2. 新机试制及设计定型阶段的生产工艺准备工作

这一阶段的主要任务是通过试制几小批飞机并通过试飞、充分发现飞机设计和工艺上存在的各种问题,经过逐步改进使新飞机达到设计定型,并为下一步转入小批生产在飞机设计方面奠定良好的基础。对采用新工艺、新技术的零件和组合件进行试验性生产,为顺利转入小批生产打下基础。

3. 小批生产及生产定型阶段的生产工艺准备工作

这一阶段的主要任务是掌握新机所采用的新工艺和新技术,完成工厂的技术改造,使飞机生产中所应用的各种工艺文件和工艺装备经过改进和完善达到定型,为转入成批生产在生产工艺技术方面奠定良好的基础。

4. 成批生产阶段的生产工艺准备工作

这一阶段的主要任务是为提高产量需要增加工艺装备的数量,为提高劳动生产率和机械化与自动化程度需要增加一些辅助装置和设备,使飞机的成批生产达到所要求的各项技术经济指标。

第二节　新机研制阶段的生产工艺准备

新机论证和研制阶段的工作内容涉及面广,其中包括方案论证、新机设计、生产工艺准备、试验机的制造和新机的强度试验与飞行试验。各项工作的具体内容和整个过程见表6.1。

表 6.1　新机研制的各项工作内容和过程

序号	飞机设计	工艺准备	第一架	第二架	第三架
1	方案论证; 总体设计; 风洞试验	技术经济可行性论证; 总体设计方案工艺性审查; 新材料、新结构的应用范围; 工厂技术改造方案			
2	技术设计; 全尺寸模型制造; 各系统实验	工艺性审查; 绘制理论模线; 制定研制工艺总方案; 新材料、新工艺、新技术实验研究			

续 表

序号	飞机设计	工艺准备	第一架	第二架	第三架
3	详细设计； 部分结构强度试验	工艺性审查； 绘制结构模线及样板制造； 编制研制用工艺文件； 设计研制用工艺装备； 新材料、新工艺、新技术实验研究			
4	图纸更改	完成研制用工艺文件的编制；完成研制用零件工艺装备制造	零件加工	零件加工	零件加工
5	起落架落震试验； 图纸更改	完成研制用装配工艺装备制造	部件装配	零件加工	零件加工
6	强度试验			总装配	部件装配
7	飞行试验				总装配

为了保证新机将来能顺利投产和缩短新机的研制周期,生产工艺准备工作应从方案论证、总体设计阶段就开始进行,如参与技术经济可行性论证,确定新材料、新工艺和新技术的应用范围,提出对工厂进行技术改造的方案和对总体设计进行工艺性审查等。

在技术设计和详细设计的过程中,为配合结构设计,需要绘制各部件的理论模线和结构模线,以确定结构的真实形状和尺寸并进行结构的协调,为工艺装备制造提供原始依据。在这一阶段还要对飞机图纸进行全面的工艺性审查,工艺文件的编制,工艺装备的设计,新材料、新工艺及新技术的实验研究。

在发出生产图纸以后,就可以进行工艺装备的制造和飞机零件的加工。

第三节　生产工艺准备各项工作的内容

一、飞机图纸的工艺性审查

为了使新设计的飞机构造具有良好的工艺性,使飞机制造获得最佳的经济效果,对飞机的设计图纸必须进行工艺性审查。工艺性审查是飞机设计工作的重要组成部分。

工艺性审查应在方案论证和总体设计时就开始进行,此时着重审查新材料和新结构的应用范围,飞机外形的工艺性,设计、工艺分离面的划分,部件对接的结构形式等。

在技术设计和详细设计阶段,要对飞机设计图纸进行全面的工艺性审查,包括部件、组合件和零件所选用的材料、结构形式、形状及尺寸、公差及技术条件等。

关于飞机构造工艺性问题将在下一章专门论述。

二、工艺总方案的编制

工艺总方案是指导飞机制造全面工艺工作的纲领性文件。

工艺总方案主要包括以下内容:

(1)上级及订货方对研制新机的要求和实施原则。

(2)车间分工原则。

(3)新工艺与新技术的应用范围。

(4)保证互换协调的方法。

(5)工艺文件编制的原则。

(6)工艺装备的选择原则及工艺装备品种和数量的控制。

(7)完成各项任务的技术组织措施。

工艺总方案的编制,应在总工程师和总工艺师的领导下,组织各个方面最有经验的技术人员来完成。在制定好工艺总方案以后,要组织全厂有关部门的广大技术人员贯彻执行。

三、指令性工艺文件的编写

在编写生产用工艺文件和设计工艺装备以前,首先应编写各种指令性工艺文件。

指令性工艺文件是根据飞机各部件、各类典型零件及复杂零件的具体构造,将工艺总方案中各项原则加以具体化,更具体地确定生产工艺准备中主要技术问题的解决方案。

指令性工艺文件包括下列各种工艺文件:

(1)全机对接尺寸图表。

(2)外缘工艺容差分配表。

(3)各部件装配与协调方案。

(4)各种典型零件工艺方案。

(5)复杂零件工艺装备协调图表。

(6)车间分工细则。

(7)各种生产说明书。

例如,各部件装配与协调方案包括下列各项内容:

(1)部件工艺分离面的选取。

(2)部件装配顺序图表。说明从组合件、板件、段件到整个部件的装配顺序。

(3)部件指令性工艺过程。说明各组合件、板件、段件和部件总装配所采用的装配方法、定位基准、装配过程及所用的主要设备和工艺装备。

(4)部件装配用工艺装备协调图表。

(5)工艺装备目录。该目录包括装配工艺装备和标准工艺装备。

由此可见,指令性工艺文件是协调各工艺部门和车间全面开展各项工艺准备工作的指导性工艺文件,是编写生产用工艺文件和设计工艺装备的重要依据。

四、生产和管理用工艺文件的编写、修改及定型

生产用工艺文件包括零件供应状态表、工艺规程、零件和标准件配套表、工艺合格证、装配指令以及零件制造指令等。

管理用工艺文件包括车间分工表、工艺计划表、标准件工艺计划表、工艺装备品种表和标准工艺装备品种表等。

其中,工艺规程是生产中使用的最重要、最基本的工艺文件。工艺规程规定零件加工或装配的工艺过程、工艺方法,所使用的工具、工艺装备和设备,检验及试验工序。

在新机研制、试制和成批生产各个阶段使用不同的工艺规程。

1. 研制用工艺规程

研制用工艺规程为新机研制使用。在保证产品质量的条件下，利用尽量少的工艺装备，采用较简单的工艺方法，用以生产几架试验机。研制用工艺规程工序划分较大，工序内容叙述简单。

2. 试制用工艺规程

试制用工艺规程为试制阶段使用。利用成批生产全套工艺装备中一部分主要的工艺装备。即所谓"0"批工艺装备，采用与之相适应的工艺方法，以制造几小批飞机，达到飞机设计定型的目标。

3. 成批生产用工艺规程

成批生产用工艺规程为小批和成批生产阶段使用。它不仅要保证产品的质量，而且要使成批生产达到比较先进的技术经济指标，包括高的劳动生产率、短的生产周期和低的制造成本。

工艺规程编写好以后，在生产中必然会暴露出一些不能保证产品质量以及技术经济上不够合理的地方。因此，工艺规程需要在生产过程中加以修改与完善。通过小批生产应逐步达到定型的要求。实践证明，如果在头几批生产中放松了这项工作，工艺规程中的很多问题不能及时合理地解决，将严重影响以后成批生产的顺利进行，拖长整个生产准备周期。

五、工艺装备的选择、设计、制造及调整

工艺装备的设计与制造在生产工艺准备工作中占有重要的地位。

工艺装备包括标准工艺装备和生产工艺装备。生产工艺装备包括机床夹具、模具、装配夹具(型架)、专用刀具及量具、试验装置和专用起重运输设备等。

工艺装备设计与制造的重要性体现在以下几个方面。

(1)工艺装备的设计与制造质量，对保证产品质量有决定性的影响。

(2)工艺装备设计与制造的工作量很大，所需费用也很多。例如，歼击机成批生产用全套工艺装备的制造需要用 100 多万工时，其制造费用占全部生产工艺装备费用的 70% 左右。

(3)工艺装备设计与制造的周期在整个生产准备中最长，它实际上决定着整个生产工艺准备的周期。

因此，保证工艺装备设计与制造的质量，降低工艺装备设计与制造的工时和费用，最大限度地缩短设计与制造的周期，是生产工艺准备工作中比较关键而艰巨的任务。

1. 工艺装备的选择和设计前的准备工作

在指令性工艺文件编写完以后，首先要集中力量做好工艺装备的选择和设计前的各项准备工作，其中包括以下内容。

(1)确定工艺装备品种表。在飞机制造中，为了尽快完成研制和试制任务并转入小批生产，对工艺装备采取一次选择分批制造的措施，将成批生产用的全部工艺装备分批进行制造并陆续提供给生产车间，即按从研制到成批生产的 4 个阶段，相应地将全部工艺装备分为 4 批，即"00"批、"0"批、"1"批和"2"批。

"00"批工艺装备主要用于新机研制阶段，选用尽量少的工艺装备，只要能保证试验机的制造质量即可。"00"批工艺装备的数量占成批生产全套工艺装备的 30%～50%。

"0"批工艺装备是在试制阶段需要补充的工艺装备。它不仅是为了保证产品质量，而且要考虑保证产品的互换协调要求和能顺利地转入小批生产。在试制阶段所需的工艺装备数量占成批生产全套工艺装备的 $50\% \sim 70\%$。

"1"批工艺装备是转入小批生产需要补充的工艺装备。"1"批工艺装备是为了提高生产效率、扩大装配工作面、缩短生产周期、使产品达到互换要求，实现按成批生产工艺规程进行生产，需要补充的工艺装备。"1"批工艺装备和"00"批、"0"批工艺装备合起来应构成成批生产所需的一整套工艺装备。此外，"1"批工艺装备中还包括少量为进行小批生产所需的大型装配型架的复制件。

"2"批工艺装备是为了达到最高年产量需要进一步补充的工艺装备。它主要包括为达到最高年产量所需要的工艺装备（主要是装配型架）的复制件，即增加某些工艺装备的套数，以及为进一步提高生产和运输的机械化程度所需要补充的工艺装备。

为保证产品质量，标准工艺装备在试制阶段即应基本配齐，达到标准工艺装备总数的 90% 左右。

（2）确定应用工厂原有工艺装备的清单。此项工作对减少工艺装备制造费用和缩短生产工艺准备周期有重要意义。应由工艺部门和工艺装备设计部门共同进行调查研究来确定，因为往往对工艺规程和原有工艺装备稍加更改就可利用原有的工艺装备。

（3）编写工艺装备设计技术条件。在指令性工艺文件编好以后，为了使工艺装备设计能与工艺规程的编写平行进行，需要由工艺人员提出工艺装备设计技术条件，交工艺装备设计人员进行设计。工艺装备设计技术条件中应规定工艺装备的功用、结构形式、定位基准、制造依据和主要技术要求等。

（4）确定工艺装备各种标准件的需要量和储备量。这样可以使生产准备车间利用空闲时间提前制造工艺装备用的各种标准件，并及时将各种标准件的品种及储备量的清单发至各有关工艺装备设计部门，作为工艺装备设计的原始资料。

2. 工艺装备的设计、制造与调整

在飞机的生产工艺准备阶段中，工艺装备的设计工作是与工艺规程的编写工作平行进行的，以缩短生产工艺准备的周期。为此，除由工艺部门提出工艺装备设计技术条件外，在工艺装备设计过程中，要与工艺部门经常保持密切的联系，保证工艺规程和工艺装备协调一致。

工艺装备的制造是飞机工厂生产工艺准备工作中的重要环节。为此，在飞机工厂设有技术力量很强的各个生产准备车间，包括模线样板车间、木模车间、夹具车间、模具车间、刀量具车间和型架车间，在这些车间配备有较强的技术人员和技术工人，生产准备车间的技术工人平均等级一般高于生产车间。

工艺装备的制造有 3 个重要环节，即模线的绘制及样板的制造，标准工艺装备的制造以及生产工艺装备的制造。由于飞机制造用的工艺装备是采用相互联系的制造原则，因此，这 3 个环节应紧密地相互衔接，以尽量缩短生产工艺准备周期。

工艺装备经过试制和小批生产阶段使用，必然会发现许多结构上不合理、制造质量不高、工艺装备之间不协调等问题，需要及时抓紧查清故障，进行必要的修改和调整，在小批生产阶段达到定型要求。

六、工厂的技术改造和车间的平面布置

飞机的结构和制造技术发展很快,为了提高飞机性能,在新机研制中必然采用一些新结构、新技术和新工艺,增添一些先进设备。同时,各个车间,尤其是各个装配车间需要按新机生产要求重新进行调整和布置。按上级及订货方对新机最高年产量的要求,计算所需生产能力,包括各车间所需生产设备的品种和数量、工艺装备的数量、生产面积,画出各车间的平面布置图。需要扩建和改建的车间,要及早制定出扩建和改建计划并予以实施。

七、新结构、新技术、新工艺的实验研究

为了提高飞机的性能,往往要采用一些新材料和新结构,如采用性能更好的铝合金和钛合金,采用更多的和尺寸更大的整体结构,采用新的复合材料结构等。

为了提高产品质量和生产效率,要采用新技术和一些新的工艺方法(如新的零件加工、成形方法和新的装配方法等)。

这些新结构、新技术和新工艺的采用,需要进行大量的实验研究。这就需要在新机设计最初阶段,即方案论证阶段提出项目并制定实验研究计划,组织较强的技术力量予以实施,以确保新机生产的顺利进行。

思 考 题

1. 生产工艺准备主要有哪几个方面工作内容?
2. 飞机制造中生产工艺准备的特点是什么?
3. 新机论证和研制阶段的工作内容主要包括哪些?
4. 工艺总方案主要包括哪些内容?
5. 指令性工艺文件包括哪些工艺文件?

第七章 飞机构造工艺性

第一节 概 述

一、飞机构造工艺性的意义

所谓构造工艺性是指在保证产品使用质量的条件下,在产品制造过程中能够采用最合理、最经济的工艺方法,从而达到高生产指标(包括劳动生产率高、生产周期短而且生产成本低)的那些构造属性。

在飞机制造过程中,要达到质量好、生产率高、周期短和成本低,取决于多方面因素,其中包括构造的工艺性。构造工艺性好是采用最合理、最经济的工艺方法的基础。如果构造的工艺性不好,即使在工艺上和生产管理上采取许多措施,往往也难于达到高生产指标。在许多情况下,若改善了构造的工艺性,不仅可以采用最合理、最经济的工艺方法,而且有利于提高产品的制造质量。

构造工艺性是评价产品设计质量的重要指标之一。飞机设计的质量体现在飞机性能好、制造成本低和使用维护方便这几个方面。毫无疑问,在飞机设计中,在满足飞机战术技术性能的条件下,应尽量满足制造成本低和使用维护方便等方面的要求。

多年来的实践证明,飞机构造的工艺性必须从设计一开始就加以重视,而不应该也不可能等设计完以后再设法补救。而且,在飞机设计的最初阶段,改善构造工艺性的效果最大。如果用总效果的百分比大致估计飞机设计各个阶段对改善构造工艺性的作用,则在总体设计阶段占总效果的 30%,技术设计阶段为 40%,详细设计阶段为 20%,在成批生产阶段仅为 5%。这说明,在飞机设计的初期就要注意提高构造工艺性的重要性。

二、评价构造工艺性的原则和标准

评价构造工艺性应遵循以下原则。

1. 构造工艺性要从飞机设计各方面要求全面来衡量

在新机设计中要满足各方面的要求,其中主要是技术性能好、制造成本低(即构造工艺性好)以及便于使用和维护。但有时飞机性能和结构质量方面的要求与工艺方面的要求是相互矛盾的。例如,为了提高飞机的性能,就要提高飞机结构的效率,使结构的质量尽量小。为此,需要选用受力合理的结构形式和结构参数,采用一些强度高但较贵重的材料,如新型铝合金、钛合金和复合材料,以减小结构质量,这些措施一般都将增加制造费用。又如,为了降低制造费用,所设计的结构要尽量易于制造,如采用等截面而不用变截面形状,尽量采用规格化零件,对协调准确度要求高的部位增加补偿件,为了提高劳动生产率而在结构中增加工艺分离面等,这些措施往往要增加结构的质量。因此,设计人员要认真选择和分析比较各种可能的结构工艺方案,在不能满足各项指标全部达到最优的情况下,应选择构造-工艺总体最优的方案。选择最优构造-工艺方案是个专门的技术问题,超出了本章要讨论的范围,本章主要是论述如何改善构造工艺性。

2.构造工艺性要从飞机生产的全过程来评价

构造工艺性不能只从某个局部的工艺过程来评价。具体来说,要从毛坯制造、零件加工和装配等全过程综合评价。这是因为,各个局部工艺过程的要求有时也是相互矛盾的,零件加工工艺性好的结构,对装配就不一定有利,反之亦然。例如,用板料成形的零件,从零件成形的角度看,剖面形状为 II 字形较好,可一次成形;但从装配角度看,则 Z 字形较好,连接时开敞。因此,构造工艺性要从制造全过程来评价。

3.评价构造工艺性还要根据具体的生产条件和技术水平

离开一定的生产条件和技术水平,就无法评定工艺方法的合理性和构造工艺性的好坏。在小批生产中工艺性好的构造,在大批生产的条件不一定好,反之亦然。

随着生产技术水平的不断提高,新材料、新结构和新工艺的不断发展对构造工艺性的评价也会随之变化。当然,新机设计时,不能限于本工厂的技术水平,应从国内先进的技术水平出发,采用国内已掌握的先进技术。

4.评价构造工艺性应以合理的工艺方法为依据

对于一个具体的结构,可以采用不同的工艺方法进行制造,且都可以达到产品的技术要求,但经济效果却不同。评价时应以合理的工艺方案为依据。

评价构造工艺性的标准应是最低制造成本。对某个具体的结构,可以设计几个不同的方案,用制造成本指标进行比较。制造成本包括材料费用、生产工人工资费用、设备折旧费、工艺装备折旧费、工具能源消耗费以及管理费等。但在比较复杂的情况下,做出定量分析比较困难,只能做出定性分析。

评价构造工艺性还可以采用一些与构造工艺性有关的相对指标。例如:

(1)为了表明新飞机上采用已成批生产的部件、组合件和零件的程度,可用结构继承性系数表达:

$$K_i = \frac{原有结构总质量}{新机结构总质量}$$

(2)为了说明飞机铆接结构装配的工艺性,可用结构板件化系数表达:

$$K_b = \frac{可板件化结构外表面积}{铆接结构总外表面积}$$

(3)为了说明减少零件品种和所用工艺装备品种的程度,可用零件重复性系数表达:

$$K_t = \frac{零件总数}{零件品种总数}$$

(4)为了说明飞机铆接结构铆接机械化(自动化)程度,可用铆接机械化系数表达:

$$K_m = \frac{机械化铆接铆钉数}{飞机铆钉总数}$$

(5)为了说明标准件品种减少的程度,可用标准件重复性系数表达:

$$K_t = \frac{标准件总数}{标准件品种数}$$

第二节 提高飞机构造工艺性的主要途径

关于提高飞机构造工艺性的问题,是涉及许多技术领域的技术问题。它涉及飞机机体和各系统的各部分结构、各种装配连接和安装的形式以及各种类型零件所用的材料、制造技术要求、几何形状和尺寸参数,以及与制造当中所采用的各种各样的装配、连接方法和零件加工方法有关的所有技术细节问题。在这一章里不能论及所有这些技术细节问题,而只能概要地介绍一下提高飞机构造工艺性的主要途径。

一、飞机结构的继承性

飞机结构的继承性是指新机上利用原型机或已成批生产的飞机上的部件、组合件和零件的程度。

飞机总是逐步改进的。因此,在新飞机上利用原有飞机的某些部分是完全可能的,对新飞机的性能不会有很大的影响。但在生产中,却可以利用已有的工艺文件、工艺装备和成熟的生产经验,从而缩短生产准备周期,降低制造成本。

在飞机改型中继承性最突出。为了提高飞机的性能和各种特殊的用途,对一种战斗机,往往是在原型机的基础上设计多种型号,如空军型、海军型、侦察型和教练型等。有时为了提高飞机的性能,改用新型发动机和电子设备,也属于改型。

在飞机总体设计中,应预先考虑到几种基本的改型,使改型飞机能最大限度地利用基本型飞机的部件,使结构改动的部分最少,为改型设计提供良好的条件。

二、简化飞机外形

飞机的外形愈复杂,在制造过程中保证互换与协调愈困难,所需工艺装备的数量和制造费用也愈多。因此,飞机的外形应尽量简化。

例如,机身外形设计成旋转体,这使模具的制造、型架卡板外形的加工和机械加工零件的加工都可以采用高效率的数控加工技术,而且有利于提高产品和工艺装备的制造准确度,易于保证产品的互换与协调。

当然,飞机的机身外形不可能整个设计成一个旋转体。为了保证驾驶员有良好的视野,驾驶舱的外形一般较复杂,机身头部要下垂,机身尾部一般都上翘。即使如此,最好也尽量分段设计成旋转体外形,如使机头、机尾和中段分别为旋转体外形,而两段之间用过渡段光滑过渡,如图7.1所示。而且,机身中段尽量为等剖面外形,等剖面段越长,工艺性越好。采用等剖面旋转体外形有以下优点:

(1)可大量减少模线绘制工作量和样板的数量。

(2)各隔框的外形相同,隔框的弯边不带斜角,钣金隔框可以采用高效率的滚弯成形,可大量减少隔框零件成形的工艺装备。

(3)长桁是直的,不需要成形。

(4)蒙皮可以用滚弯成形,蒙皮的外形为圆筒形,可减少蒙皮成形工艺装备的数量。

(5)板件装配时便于使用机械化或自动化铆接设备进行铆接。

总之,这将显著降低机身的制造成本。

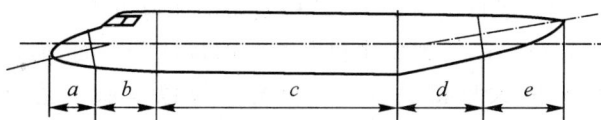

图 7.1　机身外形分段为旋转体外形

a,c,e 各段为旋转体外形；　c 段为等剖面段；　b 和 d 段为过渡段

又如，大型飞机驾驶舱部分的外形一般比较复杂，但若驾驶舱的玻璃和机身一样采用双曲度外形，则驾驶舱玻璃与机身外形的交线将是一条空间曲线，如图 7.2(a)所示，这对天窗骨架的制造、玻璃的成形、装配时的协调都将带来很多困难。制造时，需要采用一套正、反标准样件和外形复杂的成形模及装配夹具，产品的质量也不容易保证。对双曲度的电加热玻璃，导电膜不易喷涂均匀，内应力不易消除，其导电性能和光学性都不容易保证。

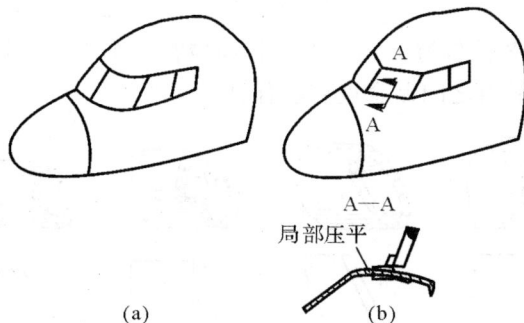

图 7.2　驾驶舱玻璃窗部分的外形示意图

(a)玻璃是双曲度的；　(b)玻璃是平面形的

如果简化驾驶舱玻璃的外形，将驾驶舱玻璃都设计成平面形的，使玻璃窗的上边缘位于一个平面内，并将玻璃窗的下边缘与机身的交线处理成几段直线，即将交线处机身外形局部压平，结果如图 7.2(b)中 A—A 剖面所示，这将显著简化天窗骨架的制造和玻璃的成形。

尾翼一般采用对称翼型。如水平尾翼用对称翼型，左、右件大部分可以通用，零件和工艺装备的品种可以减少很多，从而显著减少制造成本。

三、合理地确定工艺分离面

部件工艺分离面的划分是否合理，对结构质量和构造工艺性都有很大影响。结构设计时应根据结构质量要求和工艺要求综合分析，合理地确定工艺分离面。

1.部件划分为段件的工艺分离面

根据工艺要求，若部件中各段结构有很大差别时应取工艺分离面。例如，以板件组成的机身段和以整体框和加强框为主组成的机身段之间、气密舱和非气密舱之间、铝合金结构的机身段和不锈钢或钛合金结构的机身段（如机身尾段）之间一般应取工艺分离面，以便于按工艺特点组织段件生产，缩短装配周期。

但是，应注意增加划分段件的工艺分离面，要以增加结构质量为代价。一般歼击机的机身，在受力区段内每增加一个工艺分离面，结构质量要增加 10 kg 左右；每增加一个设计分离面，结构质量将增加 30 kg 左右。因此，机身一般不轻易增加划分段件的分离面。

对于大型飞机,增加划分段件的分离面,结构质量增加得更多,更不轻易增加设计分离面。很多大型客机,翼展有 $40\sim50$ m,一般整个机翼都不取设计分离面,而在翼弦方向只取少数工艺分离面,采用长达 30 m 的大型机翼壁板。机身一般也只取工艺分离面,而不取设计分离面。

2.部件划分为板件的工艺分离面

部件划分为板件对构造工艺性有重要意义。合理地划分板件,在装配工作中可以改善装配的劳动条件,便于使用自动化铆接或点焊设备,缩短装配周期,降低产品的制造成本。飞机部件结构板件化的程度,按飞机表面积的百分比计算,一般应达到 80% 以上。

四、提高飞机各部件之间对接的结构工艺性

飞机部件之间的对接有两种结构形式:一种是凸缘式(围框式)对接接头;另一种是叉耳式对接接头。

凸缘式对接接头的工艺性较好。凸缘的对接面应在一个平面内,并应垂直于飞机轴线,如图 7.3(a)所示,此时对接平面之间贴合度容易保证。

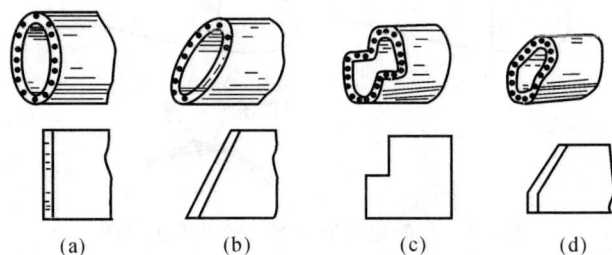

图 7.3 凸缘式对接面的几种形式
(a)与飞机轴线垂直的对接平面; (b)斜的对接平面; (c)阶梯形对接面; (d)带折角的对接面

当用凸缘对接时,对接孔的直径一般应比对接螺栓的公称直径大 $0.2\sim0.5$ mm,这样容易保证对接接头的互换性,对接框上的对接孔可以不留加工余量,省掉精加工工序和精加工设备。但是,如果对接孔和螺栓之间采用公称尺寸相同的等级配合时,在部件装配后必须进行对接接头的最后精加工,从而增加了部件的制造成本和周期,工艺性差。

如果对接平面是斜的,如图 7.3(b)所示,对接框边缘各处的斜角值变化很大,使对接框的制造增加了难度,装配型架的型架平板的制造和安装也增加了很多困难,有关工艺装备的制造费用将比垂直的对接平面的结构所需的费用增加 $4\sim8$ 倍。因此,应当避免采用这种结构形式。

如果对接面是阶梯形的,如图 7.3(c)所示,或带折角的,如图 7.3(d)所示,从结构上就可以看出,很难保证整个对接面上各对接螺栓的剪应力均匀分布,很难达到对接框之间在整个对接面上紧密贴合,工艺装备的制造费用将更大。因此,不论从结构上还是工艺上都不应采用这两种结构形式。

对叉耳式对接接头,切忌一个部件同时与两个部件相对接,如图 7.4 所示为襟翼布置图,显然下图比上图工艺性好;如图 7.5 所示为尾翼布置图,显然右图比左图工艺性好。

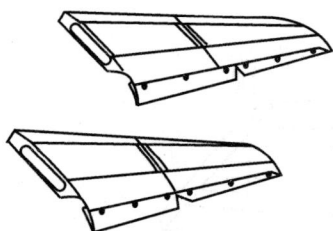

图 7.4 襟翼布置图

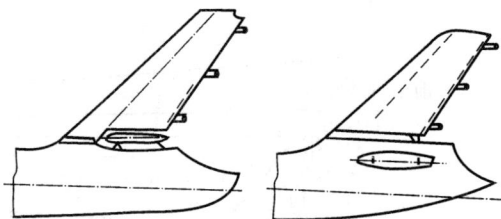

图 7.5 尾翼布置图

在一般情况下,用多个叉耳接头对接时,在各对叉耳接头的耳片之间应留一定的间隙,如图 7.6 所示。其中,左面接头的叉子和耳片之间留有一定的间隙,以补偿叉耳配合面之间协调误差;而右面的接头,在耳片之间应按实际需要加一定厚度的补偿垫片,以补偿耳片之间的协调误差。有了间隙和垫片补偿,就可以很容易保证部件的互换性。

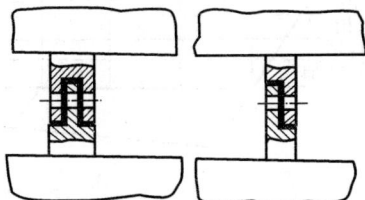

图 7.6 叉耳配合面间带间隙和垫片补偿的对接接头

无间隙和垫片补偿的叉耳式对接接头如图 7.7 所示,其构造工艺性是很差的,为保证部件之间的互换性,需要对接头的叉耳配合面在部件装配后进行精加工。

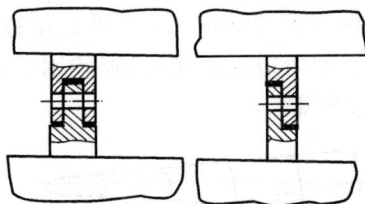

图 7.7 叉耳配合面无间隙和垫片补偿的对接接头

五、提高部件骨架结构的工艺性

飞机各部件的骨架结构布置,包括梁、长桁、翼肋或隔框的布置,对构造工艺性有很大的影响。

如机翼或尾翼为直母线外形的部件,梁和长桁的轴线应布置在弦线等百分比的直线上,如图 7.8(a)所示,使梁和长桁的纵向外形为直线,这样可以简化零件的加工和成形,并易于保证外形的准确度。而对平面形状梯形比大的机翼或尾翼,如长桁沿弦线等百分比的直线进行布置,在结构受力方面很不合理时,可以采用长桁轴线相互平行的布置方案,但对难加工的翼梁,应布置在弦线等百分比的直线上,如图 7.8(b)所示。

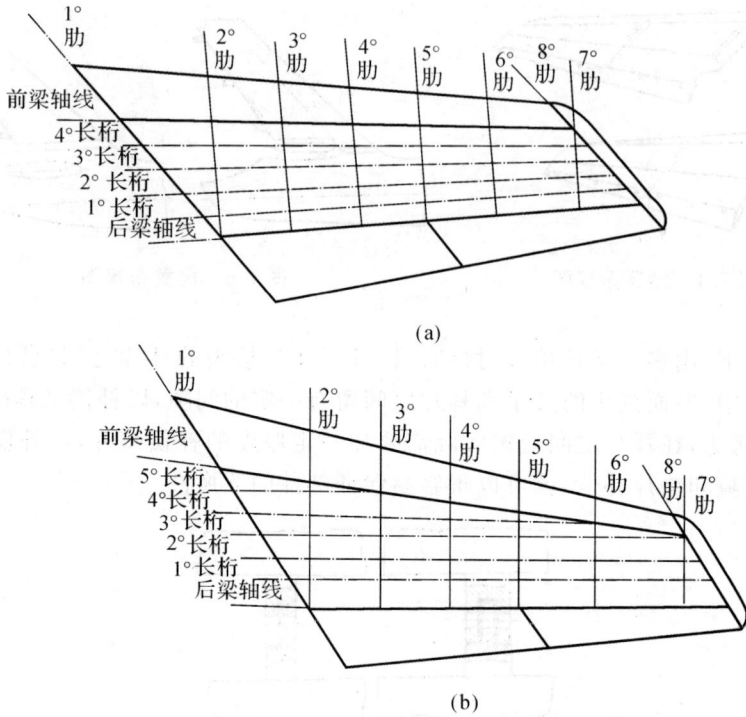

图 7.8　机翼的梁、长桁和翼肋的平面布置示意图

(a)梁和长桁轴线沿弦线等百分比的直线布置；　(b)长桁平行布置

　　翼肋应垂直于机翼的梁轴线(前梁轴线或后梁轴线)，这样可以简化型架的安装。翼肋的基准面应垂直于翼弦平面，而且翼肋的弯边应朝向翼根方向，使翼肋的弯边均为钝角，如图7.9(b)所示。这种布置方案，既有利于零件的成形，又便于翼肋定位件在装配型架的安装。若采用图 7.9(a)所示布置方案，翼肋的弯边为锐角，成形较困难，而且翼肋定位件的基准面与翼弦平面不相垂直，型架的安装也很困难。

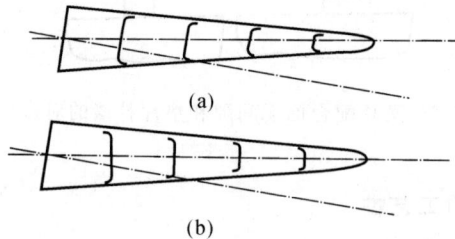

图 7.9　翼肋的布置方案

(a)翼肋弯边朝向翼尖，翼肋平面垂直于水平基准面；　(b)翼肋弯边朝向翼根，翼肋平面垂直于翼弦平面

　　机身上长桁的布置应使长桁为单曲度，如图 7.10(b)所示，使长桁在一个平面内弯曲，如曲度不大甚至可以不成形，工艺性较好。而图 7.10(a)所示长桁布置方案，使长桁沿纵向为双曲度，成形比较困难，在设计时不应采用。

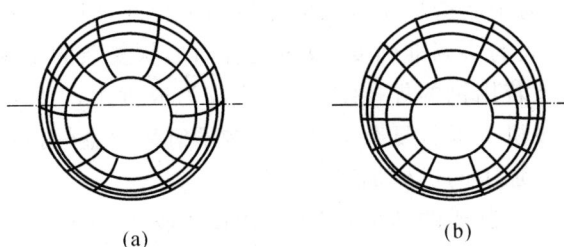

图 7.10　机身上长桁的布置方案
(a)长桁为双曲度；　(b)长桁为单曲度

六、提高结构的整体性

由于飞机设计与制造技术的不断发展，新飞机的最大飞行速度不断提高，飞机结构的单位面积载荷不断增加。为了减轻结构质量，提高飞机结构的整体性是必然的发展趋势。现代高速飞机的机翼、尾翼和机身的结构，大量采用整体壁板、整体隔框和翼肋。整体结构件的质量和尺寸也在不断增加。整体结构件主要用于数控加工，加工效率和准确度都很高。在大量采用整体结构件和数控加工的条件下，零件的数量将大大减少，飞机装配的工作量将显著减少，装配型架的结构大大简化，产品的制造准确度和协调准确度将显著提高。采用整体结构件可显著减轻飞机结构的质量，如图 7.11 所示为用整体结构框架代替铆接装配结构框架，可使框架由铆接结构 180 kg 质量减至整体结构 118 kg 质量。尽管整体框架的制造费用为铆接结构的 2 倍多，但由于减轻了结构质量，在使用中带来的效益则更大，对客机和运输机带来的经济效益将更加明显。因此，采用整体结构仍然是合理的。

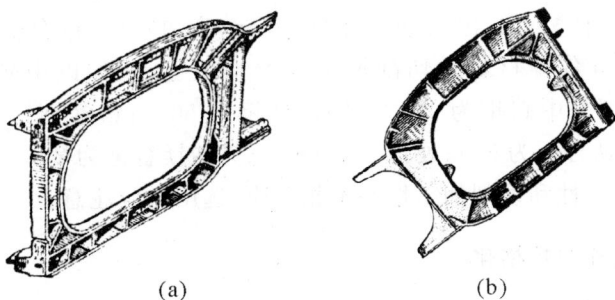

图 7.11　用整体结构代替铆接装配结构
(a)铆接装配结构；　(b)整体结构

整体结构件的形状、尺寸和质量大小，受到生产设备的限制。如整体隔框、翼肋和梁的尺寸受设备吨位的限制。整体壁板的尺寸受毛坯尺寸、数控机床、成形机床、热处理和表面处理等一系列设备的限制。要加大整体结构的尺寸，就要解决上述有关的加工条件。

七、选用合理的连接方法

选用合理的连接方法，可提高飞机构造的工艺性。

(1)用不锈钢、防锈铝合金和钛合金等焊接性能较好的材料制成的结构，宜于采用焊接，尤其是点焊。用熔化焊虽然易于制造形状复杂的零件和组合件,但因焊接变形很大且不稳定,很难保证复杂形状装配面之间的协调准确度,故对配合面形状复杂的结构,在成批生产中不宜采用熔化焊。例如,座舱骨架若用钢的焊接结构,往往成为成批生产中的技术关键,难于保证焊接件的互换。实践证明,飞机上形状复杂的骨架结构不宜用钣金焊接件,应当用铝合金铆接和螺栓连接结构,或者用数控加工的机械加工件。

(2)用硬铝或超硬铝合金制成的结构,宜于用铆接和胶接,也可以用点焊,但连接夹层厚度超过 8 mm,或厚度比大于 3∶1,或者夹层在 3 层以上,都不能用点焊,而应当用铆钉或螺栓连接。

(3)在不可卸的机械连接中,应尽量用铆接而不用螺栓连接,因铆钉的制造成本低,铆接所用的工时少,铆接的费用低。而螺栓连接件的制造和安装费用比铆接大得多,螺栓和孔的配合精度越高,所需费用越多。例如,安装 10 级精度的螺栓所需工时为机械化铆接的 6 倍,安装 8 级精度的螺栓所需工时为机械化铆接的 12 倍,7 级精度的螺栓所需工时为机械化铆接的 15 倍。因此,在能用铆接的地方,应尽量用铆接而不用螺栓连接。用螺栓连接时,应尽量用 10 级精度的螺栓代替 8 级精度螺栓,用 8 级精度螺栓代替 7 级精度螺栓。

八、选用工艺性好的材料

随着对新飞机的性能和结构效率的要求不断提高,新的高强度的材料不断出现,高强度的铝合金、钛合金、合金钢和各种耐热合金的用量不断增加。选用材料时,除主要考虑材料的物理、力学性能外,还应当重视材料的工艺性,在满足结构要求的前提下,尽量选用加工好的材料。

各种不同材料的加工性差别很大。例如,飞机的钣金零件,用不同的材料制造,所需的加工工时差别就很大,如以硬铝的钣金制造工时为 100%计,用其他材料时,制造工时分别是硬铝为 100%;超硬铝为 110%～120%;镁铝合金为 150%～170%;钛合金为 200%～250%;不锈钢为 150%～200%。各种材料的切削加工性差别就更大,如以中碳钢的切削加工性为 100%,则其他材料分别是中碳钢为 100%;铬锰硅钢为 50%;铬锰硅镍钢为 20%;耐热钢为 10%;不锈钢为 15%;钛合金为 8%;硬铝为 1 000%;铸造镁合金为 2 500%。从以上数据不难看出,同类材料钣金成形性和切削加工性并不相对应,选用时应注意。

九、零件和结构尺寸的规格化

飞机内部的一些小零件,如连接角片、角材等,数量很多,与飞机的外形无关,形状和尺寸又很近似,这类零件应尽量规格化。如图 7.12 所示,长桁与翼肋或隔框之间的连接角片,应当设计成统一的或少数几种规格化的零件。这样可以大量减少零件的品种,减少工艺装备的数量,采用大批量的生产方式制造,降低制造成本。

除了某些零件的规格化以外,对结构上某些尺寸和形状也应尽量规格化,如翼肋和隔框上的长桁缺口、减轻孔、加强梗、零件上的下陷、机加件和钣金件的圆角半径,小口盖的形状和尺寸等,都应尽量规格化。例如,翼肋和隔框上的长桁缺口及减轻孔,规格应尽量少。这样不仅可以减少通用冲模的数量,而且在生产某个零件时,可以减少更换冲模的次数。零件和某些结构尺寸的规格化,对飞机设计和制造都是有利的。

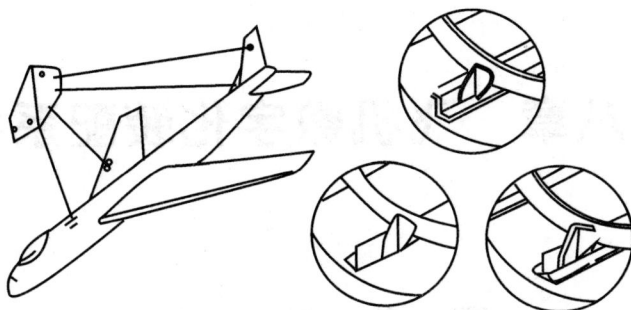

图 7.12　长桁与翼肋、隔框的连接角片

十、减少标准件的种类和规格

在飞机设计中,对标准件的选用也应重视。标准件的种类和规格繁多,就铆钉而言,包括各种不同类型、材料、钉头形状、直径和长度等,规格有上千种。螺栓、螺母、管接头等也是如此。设计时如任意选用,规格太多,会给生产、供应、使用和管理带来许多困难。

思　考　题

1. 何谓构造工艺性?

2. 评价构造工艺性应遵循哪些原则?

3. 常用哪些与构造工艺性有关的相对指标评价构造工艺性?

4. 举例说明选择合理的连接方法可提高飞机构造的工艺性。

5. 飞机设计时,为什么要减少标准件的种类和规格?

第八章　飞机数字化装配系统

第一节　概　　述

数字化装配系统(Digital Assembly System,DAS)以数字化装配技术为支撑,体现了数字化装配工艺技术、数字化柔性装配工装技术、光学检测与补偿系统、数字化钻铆技术及数字化集成控制技术等多种先进技术的综合应用。数字化装配技术在飞机装配过程中实现装配的数字化、柔性化、信息化、模块化和自动化,将传统的依靠手工或专用型架、夹具的装配方式转变为数字化的装配方式,将传统装配模式下的模拟量传递模式改为数字量传递模式,使装配质量和装配效率大幅度提高。

一、飞机数字化装配系统的工作原理

飞机数字化装配系统大致可分为部件(段)数字化装配系统和部件数字化对接总装配系统。飞机数字化装配系统针对现代军用、民用飞机机体结构特点,综合应用产品数字化定义,基于数字化标准工装的协调技术、数字化模拟仿真技术、数字化测量技术、软件技术、自动化控制和机械随动定位等先进技术,形成飞机无型架定位数字化装配集成系统,实现机体的主要结构的无型架定位数字化装配及部件数字化对接总装配工作,不再使用笨重而复杂的传统装配型架,实现装配过程中定位、调整、夹紧等工作的数字化控制,从而实现产品数字化定义、数字化测量和数字化装配的有效集成。

下面以机翼外翼与中央翼盒段数字化对接为例说明飞机数字化装配系统的工作原理。

当外翼与中央翼盒段数字化对接时,先把中央翼盒段定位固定到准确位置上,然后把外翼放置到定位器上,数字化测量装置测量外翼的基准点,测得的数据传送到计算机中,经测量软件分析后,分析结果输入到定位件控制器中,然后再驱动定位器调整外翼的位置,直到外翼调整到所需位置后,再进行钻孔连接装配,如图 8.1 所示。机身段数字化装配原理与上述原理相近,所不同之处在于机身段是由蒙皮壁板组件装配而成的。机身段部件的调整是由几个机械随动定位器根据激光跟踪仪测得的数据,随时调整机身段在 x, y 和 z 方向上的位置而实现定位,如图 8.2 所示。

例如,B747 飞机机身部件的数字化对接总装配中共有 13 套自动化工装,用了 200 个以上的机械随动定位装置(数字化定位器),配有大约 700 个轴的伺服马达。如图 8.3 所示为 B747飞机机身数字化装配工作站。

二、数字化标准工装

数字化标准工装 DMT(Digital Master Tooling)是包含产品协调部位几何形状和尺寸的数学模型,它利用产品 3D 数字化模型和统一的坐标基准系统(包括坐标系统、各种基准、主几

何模型、装配尺寸及公差等装配元素)作为设计、制造、检验和协调所有零件加工工装、部段内部装配工装、部段间装配工装和检验工装的数字量标准,是保证生产用工艺装备之间、生产工艺装备与产品之间、产品部件和组件之间的尺寸和形状协调互换的重要依据。

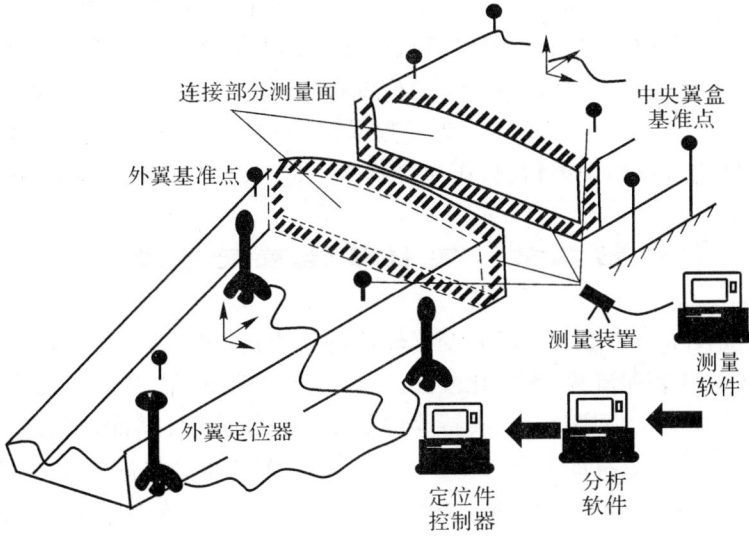

图 8.1　外翼与中央翼盒段数字化对接原理图

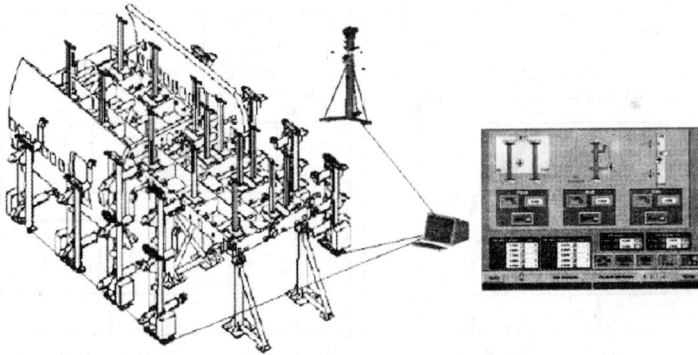

图 8.2　机身段数字化装配原理图

图 8.3　B747 机身数字化装配工作站

　　数字化标准工装协调方法（也称数字化协调方法），是一种先进的基于数字化标准工装定义的协调互换技术，能保证生产用工艺装备之间、生产工艺装备与产品之间、产品部件和组件之间的尺寸和形状的协调互换。数字化标准工装协调法需通过数字化工装设计、数字化制造和测量系统来实现，利用数控加工、成型制造出零件外形和所有的定位元素。工装制造中，通过数字测量系统（如激光跟踪仪、电子经纬仪、数字照相测量和室内 GPS 等设备）实时监控、测量工装或产品上相关控制点（关键特征点）的位置，建立起产品零部件基准坐标系统，并在此坐标系统中将工装或产品上关键特征点的测量数据和 3D 模型定义数据直接进行比较，分析出空间测量数值与理论数据的偏差情况，作为检验产品是否合格及进一步调整的依据。

第二节　飞机柔性装配系统

　　飞机柔性装配技术是考虑装配对象变化较快的航空产品本身特征，基于飞机产品数字化定义，通过对飞机柔性装配流程、数字化装配技术、装配工装设计、装配工艺优化、自动定位与控制技术、测量、精密钻孔、伺服控制、夹持等的综合，以实现飞机零部件快速精确的定位和装配，减少装配工装种类和数量的装配技术。飞机柔性装配技术是提高装配效率和装配准确度，提高快速响应能力，缩短飞机装配周期，并以高质量、高速度、低成本适应多品种产品生产要求的有效手段。如图 8.4 所示为柔性装配技术的组成图。

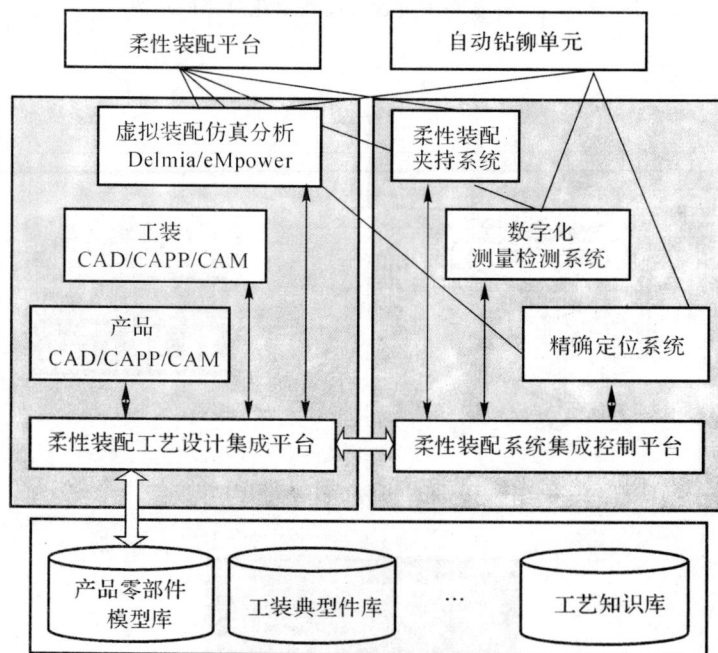

图 8.4　柔性装配技术的组成

一、柔性装配的工装

　　柔性装配的工装是针对某类结构相近的产品所使用的工装。这类工装的结构是针对产品结构在一定范围内的变化进行零、组件工装的调节或局部重组，以适应相近的不同机型的产品零件加工或装配工装的需要,使其变为具有一定的"柔性",以达到一套工装经过少量变化便可适应多种机型零件加工或装配的需要,大量缩短工装设计制造周期,降低工装研制成本,最终达到一套工装"多用途"的目的。

柔性装配的作用主要表现在以下几个方面:

(1)生产设备的零件、部件可根据所加工产品的需要变换;

(2)可对加工产品的批量根据需要迅速调整;

(3)可对加工产品的性能参数进行迅速改变并及时投入生产;

(4)可对用户、贸易伙伴和供应商的需求变化及特殊要求做出迅速反应。

为了实现柔性装配,在数字化柔性装配工艺中,将工装按功能划分为静态框架和动态模块。静态框架是模块化框架,由标准零件和连接件组合而成。动态模块依据飞机产品的不同需要而设计,它具有多个自由度,通过可调转接器依附于静态框架上,根据不同的产品特征而配置不同的动态模块。数字化装配工装实现柔性的方式主要是调整动态模块或者更换动态模块,对于不同的壁板部件装配,按照具体部件装配的要求增加或减少柔性夹持模块,通过调整转接器自由度、调整卡板的形状或者更换卡板,使之适应具体特征的要求。以飞机壁板类零件为例,数字化柔性装配工装的功能模块分解如图8.5所示。

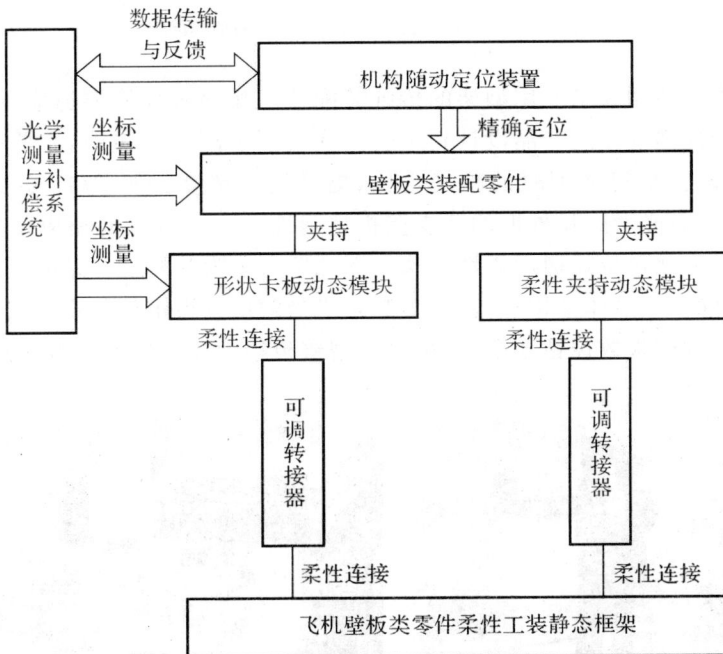

图 8.5　数字化柔性工装的功能模块

二、数字化柔性装配工装的定位

在数字化环境下,柔性工装的定位不再依靠工装上的固定定位器,而采用独立的一套定位系统。控制系统把定位数据传递给装配定位执行机构,这样才能实现数据的数字量传递,该定位执行机构称为机械随动定位装置。机械随动定位装置是一个数字化自动控制的高精度装置,其结构根据产品装配过程中的定位要求而定。该装置中的伺服驱动机构带动自动化定位机构对装配件进行调整和支撑,实现装配件的定位。自动化定位机构依靠控制系统的控制来同时协调多个机械随动装置的运动,保证以确定方式可预见地移动飞机零件,一级操作用户可以通过图形用户界面显示零件的位置坐标,然后设定控制参数,控制机械随动定位装置的运动。数字化柔性装配工装的控制策略如图 8.6 所示。

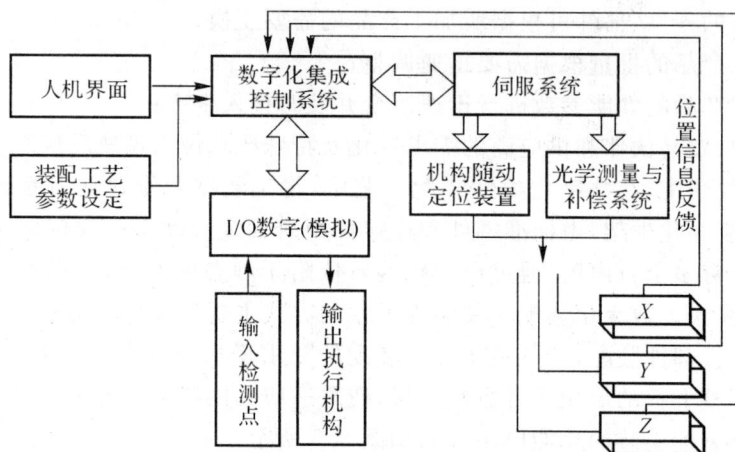

图 8.6 数字化柔性装配工装的控制策略

柔性装配技术与使用大量专用型架的传统装配技术相比不仅能够适应不同的部件对象,还能大幅度提高装配精度。从产品设计到工装设计直至装配过程实施,需要一整套装配质量精确控制技术,以确保最终装配时的精确定位,提高装配精度。如 B747 机身舱段部件的装配,需要把大型并具有光滑圆弧外形的蒙皮壁板精确地定位到机身的相应位置上,为此,波音公司采用了无专用型架定位的通用柔性方法。图 8.7 所示为装配工作站的定位机构的工作状态,此装配工作站除了其主体结构外,其余多数是机身蒙皮壁板组件的定位机构。如图 8.8 所示为具有柔性夹具的壁板数控钻孔单元,也是大型壁板精确加工技术所需的必要设备。

图 8.7 装配工作站的定位机构工作状态图　　8.8 具有柔性夹具的壁板数控钻孔单元

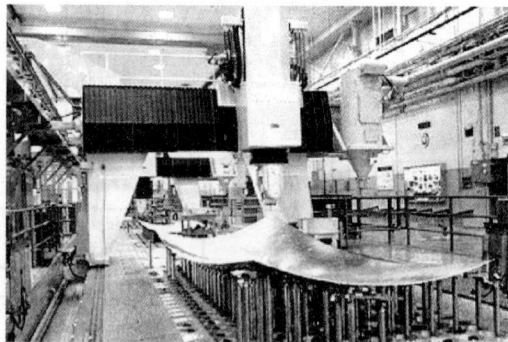

模块化工装夹具技术和可重构工装夹具技术决定了适合不同部件对象的夹紧方式和夹紧结构,因此,直接关系到柔性装配技术的实现。洛克希德·马丁公司采用具有柔性装配特点的龙门钻削系统技术,使研制的 JSF 战机原型机 X—35 的装配制造周期缩短了 2/3,装配制造周期由单机 15 个月缩短至 5 个月,工艺装备则由 350 件减少到 19 件,同时采用激光定位、电磁

驱动实现精密制孔,不仅降低了钻孔出错率,而且大大减少了工具和工装,使制造成本降低了一半。

柔性装配之所以能够适应不同的部件对象,数字化精确测量与定位技术不可或缺。该技术不仅能够实时准确地获取装配对象的尺寸等几何参数,为柔性装配设计提供必要的信息,而且能够准确地获取装配对象的位置信息,为实现柔性装配快速准确的控制与调整提供依据。

飞机柔性装配技术的应用是当前国内外飞机制造业数字化制造的大趋势,能够克服飞机制造模线-样板法在模拟量协调体系下需要大量实物工装,且应用单一、制造周期长、费用高等缺点,通过与自动化制孔设备、数控钻铆或自动电磁铆接设备等自动化装备的集成,可组成自动化、数字化的柔性装配系统,缩短装配周期,提高和稳定装配质量。

采用柔性制造技术的企业,平时能满足品种多变而批量很小的生产需求,战时能迅速扩大生产能力,而且产品质优价廉。柔性制造设备可在无需大量追加投资的条件下提供连续采用新技术、新工艺的能力,且不需要专门的设施,就可生产出特殊的军用产品。因此,柔性制造技术是将来数字化设计与制造的必然发展趋势。

第三节　数字化测量与定位技术

现代先进的数字化测量技术不仅用在产品的最后检验中,更重要的是应用到工艺装备和产品的生产过程中,它在很大程度上改变了飞机零件的制造和装配方法。在飞机制造中常使用的数字化测量系统有以下几种:

1)数控坐标测量机(N/C Coordinate Measuring Machine);

2)电子经纬仪测量系统(Multi Theodolite System);

3)光学准则仪系统(Alignment of optical systems);

4)激光自动跟踪仪系统(Laser Tracker System);

5)激光雷达扫描仪(Laser Scanners);

6)数字照相测量系统(Digital Camera Systems);

7)室内GPS系统(Indoor GPS Systems)。

这些数字化测量系统在飞机装配线中主要用来测量和定位各种工艺装备,或直接用来定位飞机的被装配构件,它们是飞机数字化装配系统的重要组成部分,也是飞机数字化装配的关键技术之一。

以下是几种典型的数字测量系统的工作应用情况。

一、电子经纬仪测量系统

计算机辅助电子经纬仪CAT(Computer Aided Theodolite)系统是20世纪80年代国外发展起来的一种先进的测量系统,它集光学、电子和计算机技术为一体,广泛用于工业的精密测量,特别是在飞机部件装配型架的安装工作中十分有效。在我国与美国合作生产的MD90和B737—700飞机部件中都采用了这一先进的CAT工业测量系统,收到了良好的效果。

CAT系统由电子经纬仪、计算机、标尺、观测目标、脚架、目标适配器等组成。CAT系统是利用电子经纬仪的光学视线在空间的前方进行交汇形成测量角来完成测量的,现以两台经纬仪为例来说明光学视线在空间的交汇原理。

两台经纬仪分别设站于 A,B 两处,它们的高度不同,其高度差为 h,若 A,B 两点间水平距离为 b(或称基线 b),其坐标系统以点 A 为原点,AB 连线在水平方向的投影为 x 轴,过点 A 沿铅垂方向为 z 轴,以右手法则确定 y 轴,由此构成测量坐标系统,如图 8.9(a)所示。通过 A,B 两处的经纬仪互瞄及分别观测目标 P,得到的观测值(角度值)通过三角运算,就可以计算出被观测点 P 的坐标值。

在运算过程中,基线 b 的长度是作为已知参数使用的,而在此之前,基线 b 的长度是通过图 8.9(b)所示的绝对定向过程确定的。图中 A,B 为两台经纬仪,标尺长 L 为已知值,经过相对定向,即 A,B 两台经纬仪互瞄,以及 A,B 两经纬仪分别对标尺的两端点 P_1 和 P_2 进行观测,测得角度值,这样通过三角运算即可得到基线的长度 b。

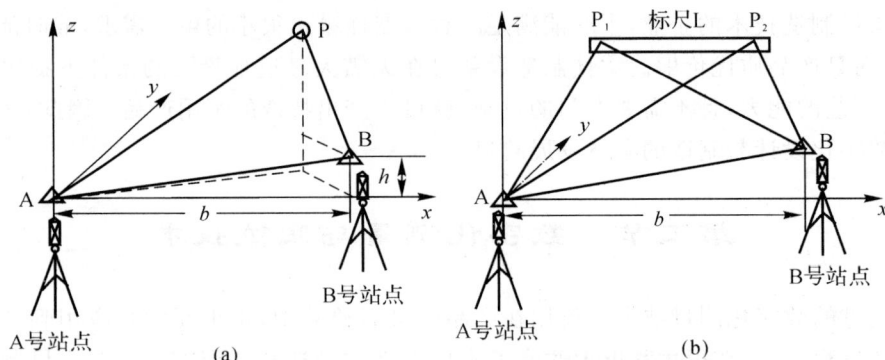

图 8.9 CAT 系统的工作基本原理
(a)测量坐标系; (b)绝对定向过程

由此可知,目标的三维坐标测量值与经纬仪的观测值(角度)和基线 b 的尺寸有关系,而 b 的尺寸又与标尺 L 相关。因此,为了保证其测量的准确度,在建立 CAT 系统过程中要确保仪器设站、标尺摆放、观察角度等合理可靠;同时应做好仪器的保管、定检以及参数设定等工作。

二、激光跟踪定位测量系统

激光跟踪定位测量系统的测量原理如图 8.10 所示。激光跟踪定位仪测量装夹后的装配部件的基准点,获得的测量数据经过处理单元处理后,直接反馈到装配系统的控制系统。控制系统通过对实际装配位置与精确数学模型的装配位置进行比较后,获得部件装配位置的修正值,自主地对定位元件的空间位置进行快速调整,实现飞机零部件、装配工装和钻铆系统定位的闭环控制,逐步对定位进行补偿,将精确数学模型的装配位置与实际装配位置统一起来,从而完成快速准确定位及安装与调整。如图 8.11 所示为机身部件柔性装配系统对接工作过程示意图,系统工作时,由柔性定位工装来支撑和夹持飞机部件,多个柔性定位工装组成定位工作站。

机身各部件按图 8.10 所示的原理实现精确对接定位后,最后再进行装配连接。图 8.12 所示为空中客车公司利用激光跟踪仪直接定位飞机的部件并进行装配的过程。

飞机产品部件外形检测、铆接边距检测和机械随动定位机构的调整控制都离不开光学测量仪系统。在数字化装配过程中,光学测量与补偿技术不仅能够准确地获取装配零件的尺寸参数和位置信息,而且还可将数据传送到控制系统,进行零件空间坐标的反馈,以保证精确数学模型的装配位置和实际装配位置具有共同的加工基准点。激光测量与补偿定位系统的工作原理如图 8.13 所示。

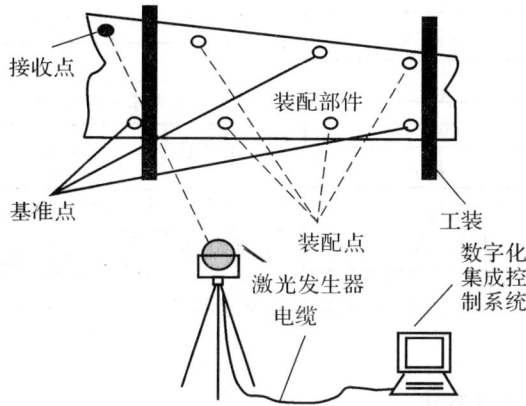

图 8.10　激光跟踪定位测量系统

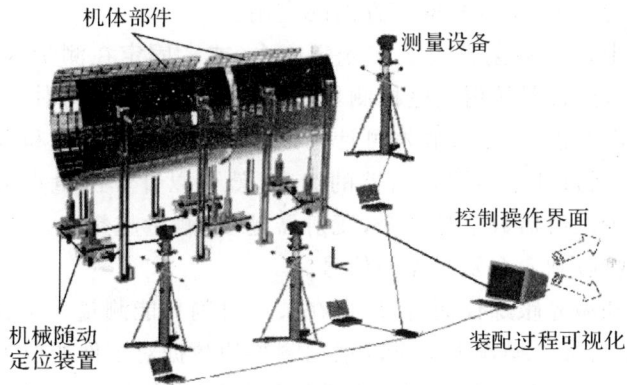

图 8.11　机身部件激光测量对接过程示意图

图 8.12　用激光跟踪仪对飞机的部件进行装配定位

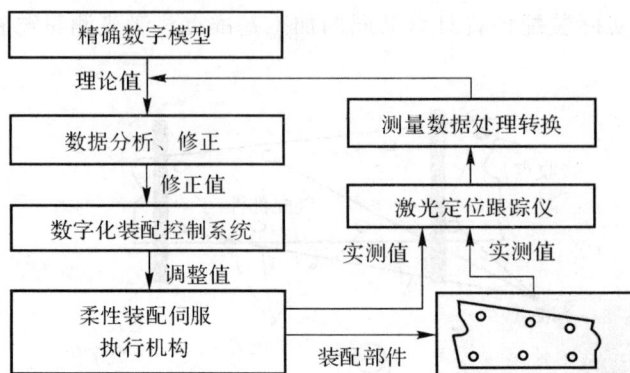

图 8.13　激光测量与补偿系统的工作原理

三、室内 GPS(IGPS)测量系统

美国波音飞机制造公司从 1998 年开始研究室内 GPS(IGPS)测量技术,该系统已应用于从 B747 到 F/A18 飞机整机的装配线中,以解决对大尺寸构件的测量问题。IGPS 测量系统特别适合于大尺寸零件的装配、检查和准直方面的应用。

在这种测量系统中,4 个发射器安装在光学座上,或者固定在测量区域的各个角上,发射器的有效范围为 49 m,接收器是用光电检测器构成的 $\phi 38$ mm 的球体。IGPS 测量系统的发射器包含两个转动的激光器,每个接收器可计算出相对发射器的垂直和水平角,并根据这些数据来确定它们的位置,通过几个不同发射器的组合,就可以计算测量点的 x,y,z 坐标点。测量一个点所需要的最少发射器数量是 2 个,发射器越多,测量越精确。为了提高测量精度,建议一个测量点至少能接收到 4 个发射器的信号。

对传统的经纬仪和激光跟踪仪而言,用户在某一时刻只能测量一个目标,而 IGPS 测量系统能够同时测量 25 个目标。操作人员可以根据测得的数据对零件的位置进行调整,并得到零件实际位置和目标位置的距离。这种模式不需要复杂的工装,而且还可以减少人为的干预,因此可减少测量误差,从而极大地改善装配质量。其工作示意如图 8.14 所示。

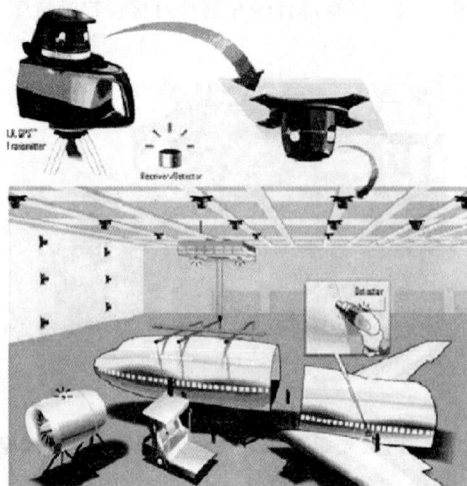

图 8.14　利用室内 GPS 测量技术进行定位

　　总之,飞机的数字化装配是飞行器数字化研制技术从产品设计到零部件制造,进一步向部件装配和飞机总装配的延伸和发展,它使数字化研制技术真正完全地集成起来,使数字化产品的数据能从研制工作的上游畅通地向下游传递,充分发挥了数字化研制技术的优点,这样将大幅度地减少飞机装配所需的标准工装和生产工装。据统计,B737 新一代飞机标准工装减少了80%,F—35 的研制过程中标准工装减少了 90%,法国达索公司最新研制的小型公务机 Falcon 传统的工装减到零,可见飞机数字化装配系统对飞机研制的重要意义。

思　考　题

1. 简述飞机数字化装配系统的工作原理。
2. 解释数字化标准工装的含义。
3. 柔性装配的作用主要表现在哪几个方面?
4. 何谓机械随动定位装置? 其作用是什么?
5. 简述激光跟踪定位测量系统的测量原理。

附录 飞机生产的技术安全与环境保护

第一节 飞机生产的技术安全

一、安全生产概述

为了保护职工在劳动过程中的安全和健康,从政策、法规、组织、管理、技术和经济等方面采取措施,建立科学的安全保证体系。这项工作在企事业单位通常称为"安全生产",也称"劳动保护"。为了与国际名称相一致,我国又称为"职业安全卫生"。

1.安全生产的任务和意义

(1)安全生产的任务。

1)采取各种安全技术和组织措施,改善劳动条件,减轻劳动强度,为劳动者创造一个良好的工作环境,减少和杜绝伤亡事故发生,保障职工安全地进行科研生产工作。

2)采取各种劳动卫生措施,防止和消除职业病和职业危害,保障职工的身体健康。

3)搞好劳逸结合,保证职工有合理的休息时间,使职工有充沛的精力从事科研生产工作。

4)在科研生产过程中根据妇女的生理特点,对女职工进行特殊保护。

(2)安全生产的意义。

航空工业是以航空为本,军品第一、民品为主、军民结合、对外开放型产业,承担着国防现代化建设和经济建设双重任务,具有科技密集型、经济密集型和技术人才密集型;管理对象广泛、复杂并且有动态相关和时空变化性;事故和危险因素的出现具有随机性和统计规律性;管理工作政策性、群众性和科学性强的特点。因此,搞好航空工业安全生产工作,保证科研生产的顺利进行,在政治、经济和社会影响等方面都有重要意义。

1)对于巩固社会的稳定,为国家的经济建设提供重要的稳定的政治环境具有现实意义。

2)对于保护劳动生产力,均衡发展各部门、各行业的经济劳动力资源具有重要的作用。

3)对于保护社会财富、减少经济损失具有实在的经济意义。

2.安全生产方针及内容

(1)安全生产方针。我国的安全生产方针是安全第一、预防为主。安全第一要求认识安全与生产辩证统一的关系,当安全与生产发生矛盾时,坚持安全第一的原则,管生产必须管安全。预防为主要求安全工作要事前做好,要依靠安全科学技术进步,加强安全科学管理,搞好事故的科学预测与分析;从本质安全入手,强化预防措施,保证生产安全。

(2)安全生产工作内容。安全生产工作内容包括安全管理、安全技术和工业卫生。安全管理就是预测今后一个时期能够达到什么样的指标,以及为此需要做的组织和技术管理工作。主要内容包括①安全生产立法;②对安全生产法规制度的贯彻实施;③安全生产宣传教育培训;④安全生产检查与隐患整改;⑤工伤事故的调查处理等。安全技术是为了控制和消除在科研生产过程中,由于劳动条件和劳动组织上存在的各种不安全因素所采取的技术措施。工业卫生是控制和消除科研生产过程和劳动环境中有害职工身体健康的有毒有害物质而采取的技术措施和医疗预防措施,以防止职业中毒、职业病及职业伤害的发生。

3. 安全生产重要常识

(1)"三同时"原则。即企业新建、改建、扩建工程的劳动安全卫生设施必须与主体工程同时设计、同时施工、同时投产。

(2)"五同时"原则。即企业领导在计划、布置、检查、总结、评比生产的同时,要计划、布置、检查、总结、评比安全。

(3)"三同步"原则。企业在考虑自身的经济发展,进行机构改革和技术改造时,安全生产方面要相应地与之同步规划、同步组织实施、同步运作投产。

(4)安全否决权原则。即安全工作是衡量各单位经营管理工作好坏的一项基本内容。该原则要求,在对各单位各项指标考核、评选先进时,必须要首先考虑安全指标的完成情况。安全生产指标具有一票否决的作用。

(5)《中国安全网》(http://www.safety.com.cn)。国家经贸委安全生产局于 1999 年 1 月 1 日下发 1999 年 001 号国经贸安全认可证书,正式认可北京国音安全信息网络有限公司创建的《中国安全网》为经贸委安全生产局指定的全国安全生产信息专业网络。《中国安全网》是国际互联网上唯一的中国安全生产专业信息站点,利用高科技计算机网络通信手段,向各省、市、县安全机构,各企业安全技术专业科室和公众个人,提供各种安全生产、安全工程方面的信息咨询服务。

二、安全生产法规

1. 安全生产法规及其作用

安全生产法规是生产过程中所产生的同劳动者的安全和健康有关的各种社会关系的法律和规范。其作用有①保护劳动者的安全和健康;②提高劳动生产率;③促进劳动关系的巩固和发展。

2. 重要的安全生产法规

(1)有关保护安全生产的法规。

1)宪法;

2)刑法;

3)劳动法;

4)安全生产法。

(2)有关专业性安全生产法规。

1)工厂安全卫生规程;

2)建筑安装工程安全技术规程;

3)企业职工伤亡事故报告和处理规定;

4)国务院关于加强企业生产中安全工作的几项规定;

5)工业企业设计卫生标准;

6)压力容器安全技术监察规程;

7)蒸汽锅炉安全技术监察规程;

8)热水锅炉安全技术监察规程；

9)气瓶安全技术监察规程；

10)手持电动工具的管理、使用、检查和维修安全技术规程；

11)起重机械安全规程；

12)厂内机动车辆安全管理规定；

13)工业企业噪声卫生标准；

14)微波辐射暂行卫生标准；

15)特种作业人员安全技术培训考核管理规定。

(3)航空工业集团公司颁发的有关安全生产法规。

1)各级人员安全生产责任制；

2)电气安全规程；

3)厂内运输装卸安全规程；

4)化学毒品安全规程；

5)空气压缩设备安全规程；

6)油库安全规程；

7)安全技术培训考核规定；

8)安全生产检查制度；

9)工厂安全性评价规程；

10)危险点控制管理办法；

11)班组安全建设管理办法。

(4)违反安全生产法规应负的责任。

根据最高人民检察院、劳动人事部和刑法有关规定：对于不服管理，违反规章制度，或者强令工人违章冒险作业，因而发生重大伤亡事故，造成严重后果的，处三年以下有期徒刑或者拘役；情节特别恶劣的，处三年以上七年以下有期徒刑。

对于情节轻微，不够刑事处分的，可按照《中华人民共和国治安管理处罚》中的有关条款，对违章作业、无证驾驶机动车辆等行为要给予拘留、罚款处理。

《关于安全生产奖惩规定》中，对因玩忽职守，违章操作，违章指挥而造成事故的，可视情节轻重，分别给予警告、记过、记大过等处分，同时给予一次性罚款处理。

三、安全生产管理

1.安全管理

安全管理是指以国家的法律、规定和技术标准为依据，采取各种手段，对企业生产的状况实施有效制约的一切活动。

企业安全管理的内容主要包括①行政管理；②技术管理；③工业卫生管理。

安全管理的手段有①行政手段；②法制手段；③经济手段；④文化手段等。

安全生产系统是由4个要素构成的，这个系统是安全管理的对象体系，它包括的要素是生产的人员、生产的设备和环境、生产的动力和能量，以及管理的信息和资料。安全系统的4要素是人、物、能量和信息。

2. 企业安全生产管理的基本内容

(1)确定企业安全生产目标。

(2)建立以行政一把手为安全生产第一责任人的分级负责的安全管理体系。

(3)建立健全安全规章制度。

(4)安全生产教育。国家规定的特殊作业工种范围:电气、起重、焊接、车辆驾驶、锅炉等。对特殊工种工人,必须进行专业安全技术教育,考试合格并领取特种作业操作证才能上岗操作。

(5)安全生产检查。安全生产检查是执行安全生产方针的一种基本方式,是发现生产活动中安全隐患的一种重要办法。

1)安全检查内容主要是查思想、查管理、查制度、查现场、查隐患、查纪律、查措施、查教育8个方面。各单位要根据各自的具体情况,每次检查各有侧重。

2)安全检查的形式有四种:经常性检查,专业性检查,定期检查,群众性检查。

(6)危险点管理。

1)危险点的定义及危险性等级。危险点是指在生产过程中可能发生事故造成人员重伤、死亡或系统重大破坏的设备或场所。根据其对人员造成的伤害和对系统造成的损害严重程度,分为Ⅰ级危险点、Ⅱ级危险点、Ⅲ级危险点。

2)危险点的控制管理。

1)危险点实行分级重点控制。

2)危险点必须建立、健全安全生产规章制度、安全操作规程和发生事故应急措施。

3)危险点的作业人员必须经过专业安全培训。

4)危险点应制定出各级使用的安全检查表。

5)危险点应在明显的位置悬挂标志牌。

6)危险点应有定期检查制度。

7)危险点应有信息反馈制度。

8)危险点应有档案资料。

9)危险点的生产设施和作业环境必须符合有关安全规定和标准。

(7)安全评价。安全评价是采用系统科学的方法,辨别和分析系统存在的危险性,并根据其形成事故的风险大小,采取相应的安全措施,以达到系统安全的过程。安全评价的基本内容和一般过程:辨识危险性,评价风险,采取措施,直至达到安全指标。

(8)企业安全文化建设。企业安全文化建设是一项具有基础性、战略性的安全管理策略。通过人的安全观念、安全意识、安全认识、安全行为等综合安全素质的提高,以及安全工程技术的物化环境和本质安全化的改善,创造良好的安全生产人文环境和物态环境氛围,达到提高企业职工的安全素质,改善企业安全生产的软条件和硬条件,从而实现安全生产、经济发展的综合目标。

安全文化建设的途径有:

1)通过宣传教育提高全民的安全文化素质;

2)推广科学技术,促进安全文化建设和发展;

3)加强法制建设,保证安全文化建设的健康发展;

4)引进先进的管理机制,推动安全文化建设不断进步;

5）面向新世纪和未来,安全文化素质教育要从孩童抓起;

6）要继续加快安全文化产业的发展。

四、工业卫生

工业卫生是研究工业生产中职业性毒害对人体的影响,并采取措施控制和消除职业毒害。

（1）生产过程中的危害因素可分为化学方面的危害因素、物理方面的危害因素、生物方面的危害因素、劳动组织中产生的危害因素。

（2）防尘防毒的基本措施:组织管理措施、技术措施、个人防护措施、卫生保健措施。

五、工伤事故管理

工伤事故管理是对事故的调查、分析、研究、报告、处理、统计和档案管理等事故发生后的一系列工作的总称。

1. 工伤事故及工伤认定范围

（1）工伤事故是指职工在工作时间内、生产岗位上发生的与生产或工作相关的人身伤害事故,包括轻伤、重伤、死亡、急性中毒等。对工伤事故的报告处理严格执行国务院颁布的《企业职工伤亡事故报告和处理规定》。

（2）工伤范围及认定。职工由于下列情形之一负伤、致残、死亡的,应当认定为工伤。

1）从事日常生产和工作,或单位领导指派的与生产、工作密切相关的工作的;

2）在生产工作环境中接触职业性有害因素造成职业病的;

3）在生产工作的时间和区域由于不安全因素造成意外伤害的,或者由于工作紧张突发疾病造成死亡,或者经第一次抢救治疗后全部丧失劳动能力的;

4）因履行职责招致人身伤害的;

5）因工外出期间,由于工作原因遭受交通事故或其他意外事故造成伤害的,或因突发疾病造成死亡,或者经第一次抢救治疗后全部丧失劳动能力的;

6）在上下班规定时间和必经路线上,发生无本人责任或非本人主要责任的道路交通机动车事故的;

7）从事抢险、救灾、救人等维护集团公司利益的活动的;

8）因工因战致残的军人复员转业到集团公司工作后旧伤复发的。

（3）职工由于下列情形之一负伤、致残、死亡的,不认定为工伤。

1）犯罪或违法;

2）自杀或自残;

3）斗殴或酗酒;

4）蓄意违章;

5）法律、法规规定的其他情形。

工伤的认定:职工所在单位自职工工伤事故发生两日之内,填写"企业职工伤亡事故登记表",报送单位技安环保处认定、备案,并办理《因工负伤证》。

2. 工伤事故分类

（1）按伤害程度分类:轻伤事故、重伤事故、死亡事故。

（2）按事故类别分类（指直接使职工受到伤害的原因分类）:物体打击、车辆伤害、机械伤害、起重伤害、触电、淹溺、灼烫、火灾、高处坠落、火药爆炸、锅炉爆炸、容器爆炸、其他爆炸、中毒和窒息、其他伤害。

（3）按主要原因分类（指生产管理上导致事故发生的主要原因）。

1）保护、保险、信号等装置缺乏或有缺陷；

2）设备、工具、附件有缺陷；

3）光线不足或工作地点及通道情况不良；

4）没有安全操作规程或不健全；

5）劳动组织不合理；

6）对现场工作缺乏检查或指导有错误；

7）设计有缺陷；

8）不懂操作技术和知识；

9）个人防护用品缺乏或有缺陷；

10）违反操作规程和劳动纪律；

11）其他。

3. 伤亡事故的报告、调查与处理

（1）关于伤亡事故的报告。发生工伤事故，必须立即报告单位领导，同时报告技安环保部门，轻伤事故在 48 h 内，填好《企业职工伤亡事故登记表》，报技安环保部门；发生重伤、死亡、重大死亡事故，除按上述程序报告外，还应立即报告企业负责人，企业主管部门，当地安全管理行政部门、工会、公安部门和人民检察院。

发生事故后，班组和车间应保护事故现场，并迅速采取必要措施抢救人员和财产，防止事故扩大。对事故现场及其物件，任何人不得擅自移动或取走，不得擅自清理现场。

（2）关于伤亡事故的调查。事故发生后要尽快调查分析。轻伤事故由技安环保部门组织调查；重伤事故由企业主管安全的领导组织调查；死亡、重大事故由企业主管部门会同当地安全管理行政部门、公安部门、工会部门、人民检察院组成事故调查组进行调查。事故调查处理必须坚持事故原因分析不清不放过、事故责任者和群众没有受到教育不放过、没有防范措施不放过的原则。

（3）关于伤亡事故的责任分析。工伤事故分析坚持实事求是原则，以人、物两方面为主线，围绕事故前生产情况、事故现场勘察和现场外调查三个环节，用逻辑推理的方法论证事故发生、发展的经过和原因，以便采取防止重复事故发生的措施。

工伤事故的责任分析是根据事故的具体情况，按照各级人员安全生产责任制的规定，分清事故的直接责任者、领导责任者和主要责任者。事故责任分析目的是使事故责任者和群众受到教育，从中吸取教训，改进工作。

4. 工伤评残

工伤评残由单位劳动鉴定委员会定期负责对工伤职工医疗期内治愈或者伤情处于相对稳定状态或者医疗期满仍不能工作等情况进行劳动能力鉴定，评残工作由单位技安环保部门组织到劳动和社会保障部门指定的工伤评残机构，进行伤残等级和护理等级鉴定。

伤残等级分为十级：一级到四级为全部丧失劳动能力；五级到六级为大部分丧失劳动能力；七级到十级为部分丧失劳动能力。

护理等级分为三个等级：一级为全部护理依赖；二级为大部分护理依赖；三级为部分护理

依赖。

第二节 飞机生产的环境保护

一、环境的基本概念及环境问题的产生

我国《环境保护法》明确规定："环境,是指影响人类生存和发展的各种天然的和经过人工改造的自然因素的总体,包括大气、水、海洋、土地、矿藏、森林、草原、野生动物、自然遗迹、人文遗迹、自然保护区、风景名胜区、城市和乡村等。"这是与人类关系最密切并以法律条文加以确定的必须要保护的环境。

随着现代工业的迅速发展,人们生活水平的提高,大量的生活和工业污染物进入环境,极大地改变了环境的组成和结构,改变了环境中的物质和能量交换,超出了自然环境的自净能力,环境质量下降并恶化,从而导致了环境污染。环境污染日益严重,已成为世界性的难题,受到人们的极大关注。

环境污染主要包括 4 个方面:水污染、大气污染、固体废弃物污染及噪声污染。其中对人们的影响最大、危害最严重的是水污染和大气污染,近年来固体废弃物与噪声污染也很严重,日益受到人们的重视。

二、环境治理技术

环境污染的治理主要有两条途径:一是控制源头,减少污染物的产生;二是对已产生的污染物进行治理。

1. 水污染

水污染有重金属污染,其次还有油类及工业有机物污染等。

(1)重金属污染。重金属污染物主要有铬、镉、镍、铜、锌等,主要来源于表面处理及电镀工艺,处理方法常用的有电解气浮法、化学气浮法等。

(2)油类及工业有机污染物。油类污染物主要来自以下几方面:各机加工艺所生产的废乳化液及含油废水、型材和铝板等清洗废水以及各单位所用的润滑油等。有机污染物则多来自测试中心荧光检验站所产生的荧光检验废液。对这类污染物的处理,主要方法是收集后采用化学破乳、机械隔油等措施,使油水分离,处理后的油可回收利用或作为污泥处理。

(3)含菌废水。含菌废水主要来自职工医院等卫生部门。其处理方法是投加强氧化剂杀灭水中病菌,使之达标排放。

(4)酸碱废水。酸碱废水主要来自表面处理工艺,其水多呈酸性,选用酸碱中和的办法处理即可。

2. 大气污染

大气污染主要表现在两个方面:工艺废气和锅炉废气。

(1)工艺废气。工艺废气主要产生于表面处理和喷漆工艺,其污染物为氮氧化物、铬酸废气、硫酸废气及苯、甲苯、二甲苯等有机废气。其控制措施有以下几点:

1)用清洁生产工艺,减少有毒有害物质使用量和污染物产生量;

2)在表面处理及喷漆生产线中加装处理设备,减少酸雾及有机废气的产生量。

（2）锅炉废气。燃煤锅炉废气是大气污染的主要来源,主要污染物是烟尘、二氧化硫和氮氧化物。大气污染物还包括各吹砂间排出的粉尘,多为石英砂,少数为钢砂。对此类粉尘可安装除尘器回收。

3.固体废弃物污染

固体废弃物主要有建筑材料、废金属、废木材、各种模胎、绝热和绝缘材料、橡胶、塑料等。生活垃圾所占的比例也很大。另外,废水、废气处理后的最终产物污泥、粉尘等也应归为固体废弃物进行处理。固体废弃物种类繁多,处理工艺各异。目前,对固体废弃物的处理主要遵循3 个原则:减量化、无害化和资源化。

4.噪声污染

主要噪声源有风机噪声、空压机噪声、电机噪声、柴油机噪声、织机噪声、冲床噪声、圆锯机噪声、球磨机噪声、高压放空排气噪声、风动凿岩机噪声等。

对噪声的控制应从源头开始,从噪声的产生、传播途径直到最终的工作、生活环境,各个环节都应采取相应措施,例如,隔声、安装消音设备、配发防护用品等,以减少噪声对人的影响。

三、环境管理

环境管理是环境保护中不可缺少的一环,它肩负着协调经济发展与环境保护之间的关系的重任,维持两者之间的平衡,做到环境保护与经济发展双丰收。

1.《环境保护工作制度》
本制度对环境保护工作的组织结构、职责、污染防治、环境管理、奖惩等进行了规定。

2.《环境保护指标考核管理办法》
本制度对环境保护工作有关指标、考核管理等进行了规定。

3.《消烟除尘管理制度》
本制度对各类烟尘、二氧化硫等大气污染的防治措施、监督管理、奖惩等进行了规定。

4.《工业固体废物管理规定》(D0691－42B)
本制度对工业固体废物种类、管理措施、检查考核、奖惩等内容进行了规定。

四、环境监测

环境监测是环境保护的重要工具,它为环境保护提供了依据。专门的环境监测站,定期对各污染源点进行采样分析,及时掌握公司的排污情况,为环境管理提供数据依据,保障了环境保护工作的正常进行。

思　考　题

1.简述安全生产的任务和意义。

2.我国安全生产方针是什么?

3.简述有关专业性安全生产法规。

4.安全文化建设的途径有哪些?

5.环境污染的治理主要有哪两条途径?

参 考 文 献

［1］ 《航空制造工程手册》总编委员会.飞机装配.北京:航空工业出版社,1993.

［2］ 《职业技能培训 MES 系列教材》编委会.铆装钳工技能.北京:航空工业出版社,2008.

［3］ 航空工业技工教材编审委员会.飞机铆接装配工艺学.湖南:航空工业技工教材编审委员会,1998.

［4］ 贾玉红,何景武.现代飞行器制造工艺学.北京:北京航空航天大学出版社,2010.

［5］ 王云渤,张关康,冯宗律,等.飞机装配工艺学.北京:国防工业出版社,1990.

［6］ 陈均元.飞机制图.湖南:航空工业技工教材委员会,1993.

［7］ 点焊涂胶工.西安:西安飞机工业(集团)有限责任公司,2004.

［8］ 卢惠元,郭涌彬,丁祖寿,等.铆接装配工艺学.北京:航空工业技工教材编审会员会,1983.

［9］ 乌兰.铆装钳工技能.北京:航空工业出版社,1994.

［10］ 范玉青.现代飞机制造技术.北京:北京航空航天大学出版社,2010.

［11］ 海军航空兵后勤技术部.航空工程手册:机械类.北京:航空工业出版社,1994.